Wissenschaftliche Reihe Fahrzeugtechnik Universität Stuttgart

Reihe herausgegeben von

Michael Bargende, Stuttgart, Deutschland

Hans-Christian Reuss, Stuttgart, Deutschland

Jochen Wiedemann, Stuttgart, Deutschland

Das Institut für Fahrzeugtechnik Stuttgart (IFS) an der Universität Stuttgart erforscht, entwickelt, appliziert und erprobt, in enger Zusammenarbeit mit der Industrie, Elemente bzw. Technologien aus dem Bereich moderner Fahrzeugkonzepte. Das Institut gliedert sich in die drei Bereiche Kraftfahrwesen, Fahrzeugantriebe und Kraftfahrzeug-Mechatronik. Aufgabe dieser Bereiche ist die Ausarbeitung des Themengebietes im Prüfstandsbetrieb, in Theorie und Simulation. Schwerpunkte des Kraftfahrwesens sind hierbei die Aerodynamik, Akustik (NVH), Fahrdynamik und Fahrermodellierung, Leichtbau, Sicherheit, Kraftübertragung sowie Energie und Thermomanagement – auch in Verbindung mit hybriden und batterieelektrischen Fahrzeugkonzepten. Der Bereich Fahrzeugantriebe widmet sich den Themen Brennverfahrensentwicklung einschließlich Regelungs- und Steuerungskonzeptionen bei zugleich minimierten Emissionen, komplexe Abgasnachbehandlung, Aufladesysteme und -strategien, Hybridsysteme und Betriebsstrategien sowie mechanisch-akustischen Fragestellungen. Themen der Kraftfahrzeug-Mechatronik sind die Antriebsstrangregelung/ Hybride, Elektromobilität, Bordnetz und Energiemanagement, Funktions- und Softwareentwicklung sowie Test und Diagnose. Die Erfüllung dieser Aufgaben wird prüfstandsseitig neben vielem anderen unterstützt durch 19 Motorenprüfstände, zwei Rollenprüfstände, einen 1:1-Fahrsimulator, einen Antriebsstrangprüfstand, einen Thermowindkanal sowie einen 1:1-Aeroakustikwindkanal. Die wissenschaftliche Reihe „Fahrzeugtechnik Universität Stuttgart" präsentiert über die am Institut entstandenen Promotionen die hervorragenden Arbeitsergebnisse der Forschungstätigkeiten am IFS.

Reihe herausgegeben von

Prof. Dr.-Ing. Michael Bargende
Lehrstuhl Fahrzeugantriebe
Institut für Fahrzeugtechnik Stuttgart
Universität Stuttgart
Stuttgart, Deutschland

Prof. Dr.-Ing. Hans-Christian Reuss
Lehrstuhl Kraftfahrzeugmechatronik
Institut für Fahrzeugtechnik Stuttgart
Universität Stuttgart
Stuttgart, Deutschland

Prof. Dr.-Ing. Jochen Wiedemann
Lehrstuhl Kraftfahrwesen
Institut für Fahrzeugtechnik Stuttgart
Universität Stuttgart
Stuttgart, Deutschland

Marco Scheffmann

Ein selbstlernender Optimierungsalgorithmus zur virtuellen Steuergeräteapplikation

 Springer Vieweg

Marco Scheffmann
IFS, Fakultät 7, Lehrstuhl für
Kraftfahrzeugmechatronik
Universität Stuttgart
Stuttgart, Deutschland

Zugl.: Dissertation Universität Stuttgart, 2023
D93

ISSN 2567-0042   ISSN 2567-0352 (electronic)
Wissenschaftliche Reihe Fahrzeugtechnik Universität Stuttgart
ISBN 978-3-658-41971-4   ISBN 978-3-658-41972-1 (eBook)
https://doi.org/10.1007/978-3-658-41972-1

Die Deutsche Nationalbibliothek verzeichnet diese Publikation in der Deutschen Nationalbibliografie; detaillierte bibliografische Daten sind im Internet über http://dnb.d-nb.de abrufbar.

Planung/Lektorat: Carina Reibold
Springer Vieweg ist ein Imprint der eingetragenen Gesellschaft Springer Fachmedien Wiesbaden GmbH und ist ein Teil von Springer Nature.
Die Anschrift der Gesellschaft ist: Abraham-Lincoln-Str. 46, 65189 Wiesbaden, Germany

Vorwort

Die vorliegende Arbeit entstand während meiner Tätigkeit als wissenschaftlicher Mitarbeiter am Forschungsinstitut für Kraftfahrwesen und Fahrzeugmotoren Stuttgart (FKFS).

An erster Stelle möchte ich mich aufrichtig bei Herrn Prof. Dr.-Ing. H.-C. Reuss, dem Leiter des Lehrstuhls Kraftfahrzeugmechatronik am Institut für Fahrzeugtechnik Stuttgart (IFS), für das Ermöglichen und die Förderung dieser Arbeit bedanken. Herrn Univ.-Prof. Dr.-Ing. J. Andert, dem Leiter des Lehr- und Forschungsgebiets Mechatronik in mobilen Antrieben der RWTH Aachen, danke ich für die freundliche Bereitschaft, den Mitbericht zu übernehmen.

Die Grundlage für diese Arbeit bildet ein mehrjähriges Forschungsvorhaben mit der Porsche Engineering Services GmbH. Besonderer Dank gilt an dieser Stelle den Herren Frank Sayer, Lars Udina und David Hermann, für die gute kooperative Zusammenarbeit und den hervorragenden fachlichen Austausch.

Herzlichst möchte ich mich bei den Bereichsleitern für Kraftfahrzeugmechatronik Dr.-Ing. Gerd Baumann, Dr.-Ing. Thomas Riemer und Dr.-Ing. Nicolai Stegmaier bedanken. Ihr entgegengebrachtes Vertrauen und der mir gebotene Freiraum waren die Grundlage für das Gelingen dieser Arbeit. Auch bedanke ich mich bei allen Kollegen des Mechatronik-Labors für die hervorragende und freundschaftliche Zusammenarbeit in den letzten Jahren. Weiterer Dank gebührt den Kollegen des Stuttgarter Fahrsimulators für die tolle Unterstützung zur Umsetzung und Durchführung der Erprobungen am Fahrsimulator. Ferner möchte ich allen Studenten, die ich betreuen durfte, Dank für ihren Einsatz und ihre Ideen aussprechen.

Weiterhin möchte ich mich bei meinen Eltern sowie meinen Geschwistern für ihre stete Unterstützungsbereitschaft während meines Studiums und der Promotion bedanken. Nicht zuletzt bedanke ich mich von ganzem Herzen bei meiner Sara, die oft auf mich verzichten musste, mir jedoch immer zur Seite steht und mein Leben mit größter Freude erfüllt.

Stuttgart   Marco Scheffmann

Inhaltsverzeichnis

Abbildungsverzeichnis

Tabellenverzeichnis

Abkürzungsverzeichnis

ALU	Arithmetic and Logical Unit
API	Application Programming Interface
ASAM	Association for Standardization of Automation and Measuring Systems
ASCII	American Standard Code for Information Interchange
ASIL	Automotive Safety Integrity Level
AUTOSAR	Automotive Open System Architecture
CAN	Controller Area Network
CMA-ES	Covariance Matrix Adaptation Evolution Strategy
CPU	Central Processing Unit
Dec-POMDP	Decentralized partially observable Markov Decision Process
DLR	Deutsches Zentrum für Luft- und Raumfahrt
DoE	Design of Experiments
ECU	Electronic Control Unit
FKFS	Forschungsinstitut für Kraftfahrwesen und Fahrzeugmotoren Stuttgart
GPM	Gaußprozess-Modell
HiL	Hardware-in-the-Loop
HV	Hypervolumen
HW	Hardware
ISO	International Organization for Standardization
KI	Künstliche Intelligenz
LHD	Latin Hypercube Design
LHS	Latin Hypercube Sampling
LIN	Local Interconnect Network
LLM	Lokal-lineare Modelle
Lolimot	Local Linear Model Tree
MCA	Motion Cueing Algorithmus

MCD	Measurement, Calibration and Diagnostics
MDP	Markov Decision Process
MiL	Model-in-the-Loop
ML	Maschinelles Lernen
MLP	Mehrschichtiges Perzeptron
MO-CMA	Multi-Objective Covariance Matrix Adaptation Evolution Strategy
MO-PSO	Multi-Objective Particle Swarm Optimization
MOEA	Multi-Objective Evolutionary Algorithm
MOOP	Multi-Objective Optimization Problem
MSE	Mean Squared Error (Mittlerer quadratischer Fehler)
NLW-MC	Nichtlinearer Washout Motion Cueing Algorithmus
NN	Neuronales Netzwerk
NSGA	Nondominated Sorting Genetic Algorithm
OEM	Original Equipment Manufacturer
OS	Operating System
OSEK	Offene Systeme und deren Schnittstellen für die Elektronik in Kraftfahrzeugen
P-MC	Prädiktiver Motion Cueing Algorithmus
PAES	Pareto Archived Evolution Strategy
PC	Personal Computer
PiL	Processor-in-the-Loop
RBF	Radiale Basisfunktion
RDE	Real Driving Emissions
RL	Reinforcement Learning
RMS	Root Mean Square (Quadratischer Mittelwert)
SAA-MC	Szenarienadaptiver Motion Cueing Algorithmus
SAMOA	Selbstadaptiver multikriterieller Optimierungsalgorithmus
SiL	Software-in-the-Loop
SMS-EMOA	S-Metrik-Selektion - Effektive evolutionäre Mehrzieloptimierung
SPEA	Strength Pareto Evolutionary Algorithm
SSE	Error Sum of Squares (Summe der Fehlerquadrate)
SSR	Regression Sum of Squares (Residuenquadratsumme)
SST	Total Sum of Squares (Totale Quadratsumme)
SW	Software
TD	Temporal-Difference
VECU	Virtual Electronic Control Unit

VW	Volkswagen
WLTP	Worldwide Harmonised Light Vehicles Test Procedure
XCP	Universal Measurement an Calibration Protocol
XiL	X-in-the-Loop
ZDT	Zitzler-Deb-Thiele (Multikriterielle Testfunktionen)

Symbolverzeichnis

Lateinische Buchstaben

$\mathcal{A}$	Menge aller möglichen Aktionen	
a	eine Aktion (Action)	
$\bar{a}$	Lagrange-Multiplikator	
$\hat{a}$	Lagrange-Multiplikator	
A_{Fzg}	Stirnfläche des Fahrzeugs	m^2
a_{ist}	Ist-Beschleunigung	m/s^2
A_t	Action zum Zeitpunkt t	
a_x	Longitudinale Beschleunigung	m/s^2
b	Bias	
$\mathcal{C}$	Einheitsraum	
$\bar{C}$	Konstante einer regulierten Fehlerfunktion	
$\mathcal{C}$	Menge aller Agenten	
c_w	Luftwiderstandsbeiwert	
$\mathcal{D}$	Gespeicherter Datensatz im Replay-Buffer	
$D*$	Stern-Diskrepanz	
E	Unverzerrter globaler Mittelwert	
$\mathbb{E}$	Erwartung einer Variable	
e	Erfahrung eines Agenten	
$E_{\bar{\varepsilon}}$	$\bar{\varepsilon}$-unempfindliche Fehlerfunktion	
ED	Gütemaß der einhüllenden Diskrepanz	
F	Multikriterielles Entscheidungsproblem	
f	Funktion	
$F_{B,x}$	Translatorischer Beschleunigungswiderstand	N
$F_{L,x}$	Luftwiderstandskraft	N
F_N	Reifennormalkraft	N
$F_{R,x}$	Summe der Rollwiderstandskräfte	N
f_R	Rollwiderstandsbeiwert	
$F_{S,x}$	Steigungswiderstandskraft	N
F_x	Summe der Reifenumfangskräfte	N

g	Gravitationskonstante	$^{\mathrm{m}}/_{\mathrm{s}^2}$
$\hat{g}$	Aktivierungsfunktion	
$\mathcal{GP}$	Gaußprozess	
G_t	Erwarteter Ertrag (Return) im Laufe der Zeit t	
H	Hesse-Matrix	
h	Verdeckter Zustand eines GRU-Netzwerks	
HV	Hypervolumen	
I	Einheitsmatrix	
J	Jacobi-Matrix	
k	Kernel-Funktion	
L	Log-Likelihood-Funktion	
$\mathcal{L}$	Verlustfunktion	
M	Dimension des Zielraumes eines MOOP	
m	Erwartungs-Funktion	
$\mathcal{M}$	Tupel eines Markov-Entscheidungsprozesses	
m_{Fzg}	Gesamtmasse (inkl. Beladung) des Fahrzeugs	kg
N	Anzahl der Lösungen eines MOOP	
O	Menge der Observationen aller Agenten	
o	Observation eines Agenten	
$\vec{O}$	Beobachtungsvektor eines Agenten	
$\mathcal{O}$	Zeitliche Komplexität einer Berechnung	
$\mathbb{O}$	Observation-Transition-Wahrscheinlichkeitsm.	
p	Parameter zur Abstimmung des Φ_p-Kriteriums	
$\mathcal{P}$	State-Transition-Wahrscheinlichkeitsmatrix	
$\mathbb{P}$	Übergangswahrscheinlichkeit einer Variable	
$P*$	Menge aller pareto-optimaler Lösungen	
$PF*$	Pareto-Front	
Q	Matrix mit Schätzungen von q_π oder q_*	
Q_{tot}	Gesamtheitliche Action-Value-Funktion	
$q_\pi(s,a)$	Wert einer Action a in s unter einer Policy π	
$q_*(s,a)$	Wert einer Action a in s unter der opt. Policy	
$\mathcal{R}$	Menge aller möglichen Rewards in $\mathbb{R}$	
$\mathbb{R}$	Satz reeller Zahlen	
r	eine Belohnung (Reward)	
R_t	Belohnung zum Zeitpunkt t	
$\mathcal{S}$	Menge aller nicht terminierten Zustände	
s, s'	Zustände (States)	

S_t	Zustand zum Zeitpunkt t	
t	Zeit	s
t_{prog}	Vorausschauzeit	s
u	Eingangsvektor eines Perzeptrons	
$\vec{u}$	Ein Vektor im Sinne eines MOOP	
V	Varianz einer Zielgrößenfunktion	
v	Geschwindigkeit	$^m/_s$
$\vec{v}$	Ein Vektor im Sinne eines MOOP	
$v_\pi(s)$	Wert eines States s unter einer Policy π	
$v_*(s)$	Wert eines States s unter der optimalen Policy	
v_{ist}	Ist-Geschwindigkeit	$^m/_s$
v_{prog}	Prognostizierte Geschwindigkeit	$^m/_s$
w	Gewichte eines Netzwerks	
X	Faktorraum	
x	Parameter im Faktorraum	
$\hat{x}$	Aktivierungspotential eines Neurons	
x_H	Longitudinale Bewegung des Hexapods	m
x_S	Longitudinale Bewegung des Schlittensystems	m
Y	Lösungsraum	
y	Zielgröße	
$\hat{y}$	Ausgabe eines Netzwerks	
y_H	Laterale Bewegung des Hexapods	m
y_S	Laterale Bewegung des Schlittensystems	m
z_H	Vertikale Bewegung des Hexapods	m
ZD	Gütemaß der zentrierten Diskrepanz	

Griechische Buchstaben

α	Parametrierung der Lernrate	
α_S	Steigungswinkel der Straße	rad
γ	Parametrierung des Discount-Faktors	
γ	Discount-Faktor	
δ	Kronecker-Delta	
ε	Wahrscheinlichkeit einer zufälligen Action a	
$\bar{\varepsilon}$	Grenze der $\bar{\varepsilon}$-unempfindlichen Fehlerfunktion	
η	Schrittweite zur Anpassung der Modellgewichte	
θ	Vektor der Modellgewichte	

θ_H	Nickbewegung des Hexapods	rad
λ	Regulierungsparameter des RSSE	
μ	Kraftschlussbeiwert	
$\mu(s,a)$	Verhaltensstrategie	
μ_i	Erwartungswert	
$\check{\xi}$	Obere Slack-Variable	
$\hat{\xi}$	Untere Slack-Variable	
π	Strategie zur Entscheidungsfindung (Policy)	
ρ	Korrelationskoeffizient	
ρ_{Luft}	Luftdichte	kg/m^3
σ	Standardverteilung	
Σ_{ij}	Kovarianz	
τ	Action-Observation-Historie	
ϕ	Basisfunktion	
ϕ_H	Rollbewegung des Hexapods	rad
Φ_p	Kriterium zur Bewertung von Punktabständen	
ψ_H	Gierbewegung des Hexapods	rad

Indizes

f	Spalten-Werte einer Matrix
Fzg	Fahrzeug
H	Hexapod
c,i,j,k,m,n	Zählvariablen
LHD	Latin Hypercube Design
LHS	Latin Hypercube Sampling
S	Schlittensystem
r	Permutierte Spalten-Werte einer Matrix
min	minimal
max	maximal
w	Bezogen auf einen Gewichtevektor w
π	Bezogen auf eine Strategie π

Abstract

In order to satisfy the individuality desires and wishes of the customers, the automotive industry produces a large number of available vehicle models, derivatives and motorizations and this with increasing tendency. The calibration of the datasets on the various electronic control units (ECUs) is just as individual as the vehicle itself. This increasing market diversity confronts test and calibration engineers with increasingly difficult tasks in real field tests.

In the recent past, so-called frontloading techniques have become popular in order to transfer complex test and validation processes from real driving tests to reproducible test bench and simulation environments. The present work takes up this frontloading approach and aims to contribute towards ECU calibration by virtual methods. A multi-objective optimization algorithm for the generation of optimal data sets is presented. In contrast to common evolutionary approaches for solving optimization problems, a reinforcement learning approach is used here. It is investigated to analyze the capability of several independent self-learning artificial intelligences to interact with each other and to cooperatively generate ideal Pareto frontiers. Furthermore, the presented approach avoids preliminary methods of design of experiments and metamodeling.

In order to include the human factor as part of the calibration process in the virtual environment, a realistic coupling of a virtual electronic control unit (VECU) and a full-motion driving simulator is designed. An essential aspect is the instruction- and time-accurate implementation of the ECU program code and the vehicle bus system. For the realistic representation of the driving dynamics in the driving simulator, an objective validation of the motion simulation, the so-called motion cueing, takes place. Finally, optimal data sets are subjectively examined in an expert study on the driving simulator, demonstrating the practical benefit of the presented frontloading technique.

Introduction

To begin with, difficulties and challenges of current software development and calibration in automotive applications are highlighted. The approach of frontloading methods to cope with these tasks motivates this thesis.

Subsequently, the first chapter gives a detailed literary overview of works dealing with techniques for automated dataset calibration of electronic control units (ECU) in the virtual environment. According to the literature review and current knowledge, no effective optimisation approach based on artificial intelligence for target-oriented dataset optimisation exists to date. Instead, computationally intensive optimisation methods are often used on surrogate models of the original system. Furthermore, full-motion driving simulators have not yet been included in the early calibration process for virtual ECUs for subjective evaluation. Therefore, the research question of this thesis focuses on these issues. After defining the research question, an overview of the structure and content of this thesis is given.

State of the Art

First, this chapter discusses the fundamental process for developing current automotive software. With regard to the development process, particular attention is given to procedural models (such as the V-model), the ISO 26262 standard and the X-in-the-Loop approach (XiL). Furthermore, a description of current ECU architecture according to AUTOSAR and its contents is given.

After addressing the basic software components of an ECU, possibilities for internal data access are discussed next. Of particular relevance to this thesis is the interface description according to ASAM-MCD-2.

Finally, based on the reviewed literature, a description of the current state of the art of automated model-based calibration follows. This approach includes methods of statistical design of experiments (DoE), metamodelling and multi-objective optimisation (MOOP). Since the optimisation result depends on the quality of the trained surrogate model, approaches commonly used for this purpose are considered in detail. These approaches include polynomial models, support vector machines, local linear model trees (Lolimot), radial basis functions (RBF), artificial neural networks (NN) and gaussian process regression (GPM).

Fundamentals and Methods

The fundamental principles for the following chapters are conveyed at this section. The discussion of the field of artificial intelligence, in particular reinforcement learning, represents a significant contribution.

The theoretical treatment of Markov decision processes (MDP), model-free control, the following introduction to the Q-learning algorithm and the approximation of value functions is considered necessary. These are fundamental to the definition of the self-learning optimisation approach in the following chapter.

Furthermore, theoretical basics regarding full-motion driving simulation are discussed. Essential at this point is the methodology for the realistic motion control of a driving simulator, the so-called motion cueing. It highlights the phases of dynamic driving manoeuvres and error types of motion cues. Equally necessary is the understanding of the fundamentals of human motion perception. This includes, among others, a description of the anatomical structure of the vestibular organ.

The Stuttgart driving simulator is used for the following investigations. A description of its characteristics, boundary conditions and simulation environment concludes this chapter.

Virtual Calibration

The formulation of a methodical approach for the objective and subjective dataset calibration of control units in completely virtual environments represents the main part of this thesis.

To identify optimal datasets according to objective criteria, a novel optimisation approach is presented. This belongs to the class of multi-criteria problem solvers, which are used to determine optimal Pareto frontiers in the solution space. By applying a reinforcement learning approach, this aims to provide an effective way of determining optimal solution sets. This contributes to the purpose of performing optimisations directly on the target system under consideration and avoiding methods of design of experiments and metamodeling.

The basic methodology of the presented approach is based on components of the former discussed Q-learning algorithm. Consequently, it is necessary to define state and action spaces, as well as an environment in terms of an MDP.

With regard to the environment, a controlled approach is applied, which makes it possible to optimise each relevant parameter in the progression of an episode. To identify the relevant parameters with regard to the defined target variables, a screening procedure is realised during a preprocessing operation. The calculation of the reward signal takes place after each optimisation step.

For the description of the state space, the solution space of the presented multicriteria problem is directly used. Each point in the solution space provides essential information for the definition of the individual states. Further definition of a state includes knowledge of which parameter is currently used for optimisation. This fully describes the individual states for solving the MDP.

Each action serves to calibrate one individual parameter of the dataset. The existing ASAM-MCD-2 description files are used intensively to construct the action space. For each parameter, the relevant information regarding the value range and discretisation is retrieved automatically. Based on this information, the calibration is done by the reinforcement learning approach. Additional manual adjustment possibilities for the action space ensure a universal area of application for the methodology.

Since the solution space contains a large number of optimal solutions, a multi-agent approach is presented. Each agent acts independently in the solution space and the solutions of each agent represent one partial solution within the solution set. To maximise the resulting Pareto frontier, cooperative actions of the individual agents are necessary. This is achieved by monotonic value function approximation based on an appropriately designed neural network structure. This enables the realisation of decentralised strategies in combination with centralised training based on a holistic reward. The reward signal is described by considering the covered hypervolume in the solution space. This enables a joint evaluation of the actions of all operating agents.

Furthermore, a realistic Software-in-the-Loop (SiL) environment is achieved to apply the presented optimisation approach. The key element here is the virtualisation of the considered ECU and the implementation of a suitable vehicle model.

To apply the real ECU code and optimise the real dataset, the virtualisation process is based on the underlying .hex files.These contain the final programme and data code and are generally used for flash programming of the real physical control unit. By applying instruction set simulation, instruction-accurate execution of the code in the virtual environment can be achieved.

The realisation of the vehicle dynamics concentrates on the necessary model components for the real-time simulation of longitudinal events. Consequently, a detailed treatment of the implemented sub-models follows. This further includes the consideration of a realistic driver model and the automated integration of real scenarios. The representation of external traffic is achieved by designing a co-simulation interface with the simulation environment SUMO.

By enabling a real-time interface between the SiL environment and a fully motion driving simulator, subjective evaluation of data sets in the virtual environment is realized. This is ensured by using the identical BUS system as in the real vehicle. The introduction of a recursive search algorithm is used for the automated coupling of signals between the simulated and the real BUS system.

Results

The final discussion serves to evaluate the performance of the methodical approach for objective and subjective dataset calibration. First, the presented optimisation methodology from the state of the art is considered. Well-known benchmark functions serve as test cases for assessment. Established methods of multiobjective optimisation based on evolutionary approaches demonstrate good to very good results in these test cases. However, some tests show that the determination of the solutions is computationally intensive. Consequently, the use of DoE and surrogate modelling will continue to be considered. The study includes training data sets of different sizes and all discussed methods of metamodelling. This confirms a faster execution of the optimisation process. Nevertheless, the optimisation results show a clear dependency on the accuracy of the trained model. This study thus independently confirms some statements of the reviewed literature.

For comparability, the implemented optimisation approach is considered using the identical test cases. This shows a comparable result to evolutionary approaches without the use of surrogate models. Furthermore, it shows that optimal solution strategies can be learned quickly. The effective cooperative behaviour of the individual agents in the solution space can also be shown.

Furthermore, investigations are carried out with the optimiser in the implemented SiL environment. As a test case, the automated application of the gear change process using objective criteria is used.

By applying validation tests, the correct behaviour of the methodology can also be confirmed in a real scenario. Furthermore, by using identical configuration of the hyperparameters and the network architecture in all test cases, the robustness of the method can be confirmed. The development of cooperative behavioural strategies and the rapid identification of the optimal Pareto front is also evident in this use case. In conclusion, the realised simulation environment and the presented optimisation approach enable automated adjustments to real data sets in the virtual environment.

For subjective validation of the performed optimisations, a final investigation of selected datasets is realised in a full-motion driving simulator. To begin with, various motion cueing algorithms are assessed in terms of their performance. Of relevance is the possibility to represent highly dynamic longitudinal effects. This feature is required to realistically imitate gear changes in an automatic transmission. Evaluation and selection of the motion cueing algorithm is based on objective metrics.

This is followed by a real study in the simulator with experts. The task of the test persons is the subjective evaluation of different datasets with regard to the perceived intensity in a reproducible environment. The results confirm a correlating behaviour between subjective perception and objective assessment. Overall, the possibility of virtual calibration in a driving simulator and the realised frontloading approach are perceived positively by the test persons.

Conclusion

The final chapter summarises the results of this thesis and gives an outlook on further research topics. Through the investigations performed in a full-motion driving simulator and the realisation of a self-learning optimisation approach, the formulated research question can be answered. By directly coupling the subjective assessment in the simulator with the reward definition of the optimisation algorithm, the frontloading potential could be further increased.

Kurzfassung

Um die Individualitätsbedürfnisse und -wünsche der Kunden zu befriedigen, bringt die Automobilbranche eine große Anzahl an verfügbaren Fahrzeugmodellen, Derivaten und Motorisierungen hervor und dies mit steigender Tendenz. Ebenso individuell wie das Fahrzeug selbst gestaltet sich die Kalibrierung der Datenstände auf den verbauten Fahrzeugsteuergeräten. Diese Marktvielfalt stellt Test- und Applikationsingenieure vor zunehmend schwerer zu bewältigende Aufgaben im realen Feldtest.

In jüngster Vergangenheit haben sich sogenannte Frontloading-Techniken etabliert, um aufwendige Test- und Erprobungsprozesse aus dem realen Fahrversuch gezielt in reproduzierbare Prüfstands- und Simulationsumgebungen zu verlagern. Die vorliegende Arbeit greift diesen Frontloading-Ansatz auf und soll einen Beitrag zur Steuergeräteapplikation durch virtuelle Methoden leisten. Es wird ein multikriterieller Optimierungsalgorithmus für die Erzeugung optimaler Datensätze vorgestellt. Im Gegensatz zu verbreiteten meist evolutionären Ansätzen zur Lösung von Optimierungsproblemen findet hier ein Reinforcement Learning Ansatz Anwendung. Es wird untersucht, inwiefern mehrere selbstlernende, voneinander unabhängige künstliche Intelligenzen miteinander agieren und kooperativ ideale Pareto-Fronten identifizieren können. Des Weiteren verzichtet der vorgestellte Ansatz auf vorangestellte Methoden der statistischen Versuchsplanung und der Metamodellbildung.

Damit der Faktor Mensch in den Applikationsprozess im virtuellen Umfeld miteinbezogen werden kann, wird eine realitätsnahe Verkopplung von einem virtuellen Steuergerät und einem vollbeweglichen Fahrsimulator verwirklicht. Ein wesentlicher Aspekt liegt in der instruktions- und zeitakkuraten Umsetzung des Steuergeräte-Programmcodes und des Fahrzeugbussystems. Für die realistische Abbildung der Fahrdynamik im Fahrsimulator findet eine objektive Validierung der Bewegungssimulation, des sogenannten Motion-Cueings, statt. Abschließend werden optimale Datensätze in einer Expertenstudie am Fahrsimulator subjektiv untersucht, womit der praktische Nutzen der vorgestellten Frontloading-Technik nachgewiesen wird.

1 Einleitung und Motivation

Seit dem Einzug der Mikrocontroller-Technik in das Automobil konnte in den vergangenen Jahrzehnten eine drastische Zunahme von Software-Funktionen beobachtet werden (Abbildung 1.1). Als Gründe sind hier die Verwirklichung von klassischen mechanischen oder hydraulischen Funktionen als Software-Lösung, zunehmende Komplexität in Triebstrang und Fahrwerk sowie gesteigerte Komfort- und Entertainment-Funktionen zu nennen.

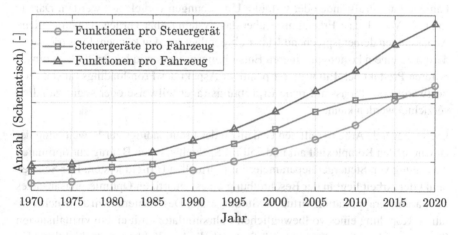

Abbildung 1.1: Software-Funktionen und Steuergeräte im Verlauf der Zeit (nach [151])

Bis in die 2010er Jahre nahm zudem die Anzahl der Steuergeräte pro Fahrzeug stetig zu. Zunehmender Kostendruck und Bauraumeinschränkungen im Fahrzeug zeigen jedoch einen rückläufigen Trend der Anzahl im Fahrzeug verbauten Steuergeräte. Die Zunahme der Rechenleistung der Mikrocontroller erlaubt es mehrere Funktionen, die zuvor auf einer Vielzahl von Steuergeräten realisiert wurden, auf einem Gerät zentral zusammenzufassen. Die aktuellen Entwicklungen in den Bereichen des automatisierten und vernetzten Fahrens deuten auf eine weitere Zunahme der Software-Funktionen in den kommenden Jahren hin.

© Der/die Autor(en), exklusiv lizenziert an
Springer Fachmedien Wiesbaden GmbH, ein Teil von Springer Nature 2023
M. Scheffmann, *Ein selbstlernender Optimierungsalgorithmus zur virtuellen
Steuergeräteapplikation*, Wissenschaftliche Reihe Fahrzeugtechnik Universität
Stuttgart, https://doi.org/10.1007/978-3-658-41972-1_1

Dieser Trend zeigt sich jedoch nicht nur im Bereich der Software-Entwicklung im Speziellen, sondern grundsätzlich in der Fahrzeugbranche. Der Aufwand hinsichtlich Test, Absicherung und Kalibrierung neuer Software-Funktionen faktorisiert sich mit jedem weiteren zum Verkauf angebotenen Fahrzeugmodell. Diese Thematik wird weiterhin durch die Ausbildung weiterer Derivate und unterschiedlicher Antriebskonzepte pro Fahrzeugmodell verschärft[1].

Zur Bewältigung dieser Herausforderung haben sich in den vergangenen Jahren sogenannte Frontloading-Techniken etabliert. Mit methodischen Ansätzen lassen sich somit Entwicklungsprozesse aus späten Phasen der Produktentstehung bereits zu früheren Zeitpunkten behandeln. Konkret bedeutet dies, dass Tests vom realen Fahrzeug auf Prüfstände oder virtuelle Umgebungen vorgelagert werden. Daraus folgt der Vorteil, dass Erkenntnisse über das System früher vorliegen und mögliche Anpassungen dementsprechend früher eingepflegt werden können. Dies trägt wiederum zu einem kostengünstigeren Entstehungsprozess und letztendlich zu einem reiferen Produkt bei. Ein weiterer positiver Aspekt des Frontloadings hinsichtlich Softwaretests ist, dass auf reale Erprobungsträger teilweise oder sogar gänzlich verzichtet werden kann.

Die vorliegende Arbeit greift den Gedanken des Frontloadings zur Bewältigung der zunehmenden Komplexität auf und soll im Speziellen einen Beitrag zur optimalen Auslegung von Steuergeräteparametern im virtuellen Umfeld leisten. Der Schwerpunkt der Arbeit liegt in der Beschreibung eines neuartigen Optimierungsansatzes zur Parameterapplikation virtueller Steuergeräte. Des Weiteren wird die echtzeitfähige Kopplung eines vollbeweglichen Fahrsimulators mit einem virtualisierten Steuergerät diskutiert. Dadurch eröffnet sich die Möglichkeit zur subjektiven Validierung von Parameteränderungen mit vollständig virtuellen Methoden anhand eines digitalen Zwillings. Letztendlich folgt daraus ein durchgängiger und realitätsnaher Ansatz für den Einsatz in frühen Phasen der Produktentstehung, wenn die Verfügbarkeit realer Hardware kaum bis nicht gegeben ist.

---

[1]Dies ist zur weiteren Verdeutlichung in Anhang A.1 im historischen Verlauf der auf dem Markt befindlichen Fahrzeugmodelle der größten Fahrzeughersteller erläutert. Des Weiteren wird die Thematisierung der Derivatausbildung exemplarisch anhand der Produktgeschichte des VW Golf aufgearbeitet.

1.1 Literaturübersicht und weiterer Forschungsbedarf

In diesem Abschnitt, sowie in Kapitel A.2^2, soll ein umfassender Überblick wissenschaftlicher Arbeiten mit relevanten Beiträgen zur automatisierten Steuergeräteapplikation gegeben werden. Von Relevanz ist hierbei Literatur, welche Möglichkeiten und Notwendigkeiten aufzeigt, um diesen Prozess bereits vor der realen Fahrzeugverfügbarkeit zu ermöglichen. Unter Zuhilfenahme der untersuchten Beiträge soll die wissenschaftliche Fragestellung für diese Arbeit definiert werden.

Der Themenschwerpunkt in [87] liegt in der Applikation des Schaltablaufs eines Automatikgetriebes hinsichtlich des Aspektes der Fahrbarkeit. Der automatisierte Applikationsprozess wird an einem Minimalmodell, einem detaillierten Triebstrangmodell und in einem Versuchsfahrzeug durchgeführt. In den beiden Erstgenannten werden die Parameter zur Steuerung des Schaltablaufs in einer Abstraktion des Steuergerätecodes optimiert. Im Fahrzeug dient der Einsatz einer Rapid Prototoyping Umgebung. Die Ergebnisse werden abschließend mit manuellen Applikationen nach Expertenwissen verglichen.

Der automatisierte Applikationsablauf folgt einem konventionellen Konzept mit mathematischer Ersatzmodellbildung. Zum Einsatz kommen hier Kriging-Modelle (Gaußprozess-Modelle GPM) der DACE-Toolbox [103]. Der hierfür notwendige Trainingsdatensatz wird mit Versuchsplänen nach dem Latin Hypercube Sampling (LHS) Verfahren generiert. Die mehrkriterielle Optimierung wird anhand der abgeleiteten Modelle mit dem NSGA-II Algorithmus nach [35] durchgeführt.

Die entwickelte Toolkette erlaubt es automatisierte Applikationen von Modellebene bis zum realen System durchzuführen. An dieser Stelle wird jedoch die Schwierigkeit von reproduzierbaren Randbedingungen in realer Umgebung bei bereits vermeintlich einfachen Versuchen hervorgehoben. Weiterhin von Relevanz zur Fahrbarkeitsapplikation ist die Gegenüberstellung des Autors hinsichtlich unterschiedlicher Methoden zur objektiven Beurteilung des Schaltkomforts.

[203] entwickelt einen neuartigen multikriteriellen Algorithmus zur Optimierung des Motorverhaltens an physikalisch motivierten Modellen. Der entwickelte Algorithmus SAMOA basiert in Grundzügen auf bekannten evolutionären Algorithmen,

---

^{2}Sämtliche betrachtete Literatur wird zur Formulierung der Forschungsfragestellung einbezogen. Da viele Arbeiten allerdings ähnliche Ansätze verfolgen, soll zur Vermeidung von wiederholenden Ausführungen, an dieser Stelle nur auf eine Auswahl eingegangen werden. Alle weiteren Ausführungen zur untersuchten Literatur finden sich im genannten Kapitel im Anhang dieser Arbeit.

wie MOEA [5], NSGA-II [35], SPEA2 [208], PAES [90] und CMA-ES [63]. Die Motivation zur Entwicklung einer neuen Methodik liegt in den Nachteilen der konventionellen modellbasierten Applikation begründet.

Die trainierten Metamodelle liefern Black-Box-Systeme, wodurch sich die Interpretierbarkeit des Systemverhaltens als schwierig erweisen kann. Des Weiteren besteht die Gefahr des Overfittings während des Trainings, worunter die Modellqualität und letztendlich das Optimierungsergebnis leidet. Daher wird der Optimierungsprozess direkt an echtzeitfähigen Grey-Box Modellen durchgeführt. In diesen ist der physikalische Aufbau ganz oder teilweise bekannt. Weiterhin unbekannte Bereiche werden durch vermessene Daten oder durch Black-Box Teilmodelle geschätzt.

SAMOA führt die multikriterielle Optimierung ähnlich wie bereits in diesem Abschnitt genannte Algorithmen evolutionär, basierend auf einer Startpopulation, über mehrere Generationen hinweg durch. Die Positionierung der Startpopulation ist allerdings nicht zufällig verteilt, sondern wird mit Methoden der statistischen Versuchsplanung im Parameterraum platziert, wodurch eine bessere Ausgangslage und ein schnellerer Optimierungsdurchlauf ermöglicht werden soll. Der vorgestellte Ansatz wird sowohl an Modellen als auch in Echtzeit an einem Motorprüfstand eingesetzt. Im letzteren Fall ist jedoch die Populations- und Generationenanzahl im Vergleich zu Modelloptimierungen deutlich reduziert. Dies liegt in der teilweise sehr hohen Gesamtlaufzeit bei einer großen Anzahl von individuellen Lösungen begründet, wie es auch im Ausblick dieser Arbeit Erwähnung findet.

Die Ausführungen in [15] liefern einen weiteren Beitrag zur modellgestützten Off-/Online-Applikation. Als wertvoll erachtet ist die Gegenüberstellung der Modellgenauigkeit gängiger Funktionsapproximationen. Untersucht werden Polynomregressionsmodelle, RBF-Netzwerke, LLR-Modelle, Local Linear Models, neuronale Netze, Support Vector Machines und Gaussprozess-Modelle. Aufgrund der vergleichend besten Ergebnisgüte, bei einer relativ geringen Messpunktanzahl, werden Gaussprozess-Modelle für die modellbasierte Applikation gewählt.

Damit der Trainingsprozess robust gegenüber Messrauschen und -ausreißern ist, wird der Algorithmus um Methoden der nichtlinearen Datentransformation und der Student-t-Verteilung erweitert. Dieser Ansatz beeinflusst jedoch die Berechnungszeit zur Modellbildung nachteilig. Zur multikriteriellen Optimierung findet ebenfalls der NSGA-II Algorithmus [35] Anwendung. Des Weiteren werden DoE-Methoden zur Erzeugung der Trainingsdatensätze verwendet. Anwendung findet hierbei der k-exchange Algorithmus in Kombination mit D-optimalen Designs.

In den Arbeiten [156, 157] werden diverse Probandenstudien mit unterschiedlichen Fahrzeugen auf der Straße und im Fahrsimulator durchgeführt. Das Ziel der vorgestellten Untersuchungen liegt in der Entwicklung einer Methodik zur Objektivierung längsdynamischer Fahrbarkeitsbewertungen. Des Weiteren wird dadurch das Frontloading-Potential zur Untersuchung in virtuellen Umgebungen herausgestellt.

[14] liefert einen weiteren Beitrag hinsichtlich des Frontloadings im Zusammenhang mit Fahrsimulatoren. Der Fokus liegt in der Darstellung echtzeitfähiger physikalischer Modelle und der Bildung eines Simulationsframeworks, um längsdynamische Untersuchungen in der frühen Konzeptphase zu ermöglichen. Weiterhin werden in der Arbeit Lastsprungreaktionen unterschiedlicher Motorvarianten in Probandenstudien sowie minimal wahrnehmbare Konzeptunterschiede im Fahrsimulator untersucht.

In Tabelle 1.1 sind angewandte Methodiken auf Grundlage der gesichteten Literatur zusammenfassend dargestellt. Der gesamte Themenkomplex der Steuergeräteapplikation im Frontloading-Kontext ist schwerpunktmäßig in die 4 Bereiche Ausführungsumgebung, Prozessdurchführung, Optimierungs- und Beurteilungsmethodik untergliedert.

Hinsichtlich der Ausführungsumgebung zeigt sich, dass die Untersuchungen vorrangig auf HiL- und Prüfstandssystemen stattfinden. Dieser Ansatz ist nachvollziehbar, da diese Systeme automatisierte Optimierungsprozesse mit realer ECU-SW und realen -Parametersätzen erlauben.

Bezüglich der Prozessdurchführung ist der Einsatz von DoE und nachfolgender Ersatzmodellbildung gängige Praxis. Der hauptsächliche Ansatz zur Metamodellbildung ist der Einsatz von GPM. Detailreiche und universelle White- und/oder Gray-Box-Modelle finden hier hauptsächlich Anwendung in MiL-Simulationsumgebungen.

Zur Parameteroptimierung werden in der Literatur nahezu ausschließlich evolutionäre Algorithmen eingesetzt. Populär ist die Verwendung des mehrkriteriellen NSGA-II Optimierers. Die Arbeiten von [83] und [120] entwickeln neuartige wissensbasierte Ansätze auf Grundlage von Fuzzy-Logik. Dies erlaubt die Optimierung mit einer geringeren Iterationsanzahl und ohne die Notwendigkeit der Ersatzmodellbildung.

Tabelle 1.1: Zusammenfassung der gesichteten Literatur zur Steuergeräteapplikation vor dem Hintergrund eines Frontloading-Ansatzes. Erläuterung: ✓ = ja; ✗ = nein; ✗ = teilweise; ? = nicht im Detail beschrieben oder unklar

Quelle	Ausführungsumgebung						Prozessdurchführung			Optimierungsmethodik				Beurteilungsmethodik	
	MiL	SiL	HiL	Prüfstand	Fahrzeug	Fahrsimulator	DoE	Ersatzmodellbildung	White-/Gray-Box-Modelle	Evolutionär	Fuzzy-Logik	Künstliche Intelligenz	Alternative Methoden	Objektiv	Subjektiv
[98]	✓	✗	✓	✗	✗	✗	?	?	?	?	?	?	?	✓	✗
[158]	✓	✗	✓	✓	✗	✗	✓	✓	✗	?	?	?	?	✓	✗
[92]	✗	✗	✓	✓	(✗)	✗	✓	✓	✗	(✗)	✗	✗	✗	✓	✗
[93]	✓	✗	✗	✓	✓	✗	✗	✗	✓	?	✗	✗	✗	✓	✓
[83]	✗	✗	✗	✓	✗	✗	✓	✓	✗	✓	✓	✗	✗	✓	✗
[108]	✓	✗	✗	✗	✓	✗	(✗)	✓	✓	✓	✗	✗	✗	✓	(✗)
[104]	✓	✓	✗	✗	✗	✗	✓	✓	✗	✗	✗	✗	✗	✓	✗
[87]	✓	✗	✗	✗	(✗)	✗	✓	✓	✗	✓	✗	✗	✗	✓	(✗)
[107]	✗	✗	✗	✓	✗	✗	✓	✓	✗	?	?	?	?	✓	✗
[121]	✗	✗	✓	(✗)	✗	✗	✓	✓	✗	(✗)	✗	✗	✗	(✗)	✗
[17, 18]	?	?	(✗)	✓	✗	✗	✓	✓	✗	✓	✗	✗	✗	✓	✗
[203]	✓	✗	✗	✓	✗	✗	✗	✗	✓	✓	✗	✗	✗	✓	✗
[15]	✗	✗	✗	✓	✗	✗	✓	✓	✗	✓	✗	✗	✗	✓	✗
[21]	✓	✗	✗	✓	✗	✗	✓	✓	✗	✗	✗	✗	✗	✓	✗
[86, 163]	✗	✗	✓	✗	✗	✗	✗	✗	✓	✗	✗	✗	✓	✓	✗
[171]	✓	✗	✗	(✗)	(✗)	✗	✗	✗	✓	✓	✗	✗	✗	✓	✗
[11]	✓	✓	✗	✗	✗	✗	✓	✓	✗	✗	✗	✗	✓	✓	✗
[164]	✓	✗	✗	✗	✗	✗	✓	✓	✗	?	?	?	?	✓	✗
[120]	✗	✗	✗	✓	✗	✗	✓	✓	✗	✗	✗	✓	✗	✓	✗
[156, 157]	✗	✗	✗	✗	✓	✓	✗	✗	✗	✗	✗	✗	✗	✓	✓
[14]	(✗)	✗	✗	✗	(✗)	✓	✗	✗	✗	✗	✗	✗	✗	✓	✓

Bezüglich der Zielgrößendefinition werden in allen untersuchten Beiträgen objektive Beurteilungskriterien herangezogen. Dieser Sachverhalt liegt darin begründet, da sich in vorgezogenen Entwicklungsumgebungen der Faktor Mensch nur schwer integrieren lässt. Um diesem Nachteil entgegenzuwirken und dennoch subjektive Parameterabstimmungen durchführen zu können, nutzen beispielsweise [87] und [108] Techniken zur Objektivierung der Fahrbarkeit. In [93] wird das Optimierungsergebnis subjektiv überprüft, allerdings findet dies bereits am realen System und im Rahmen der Feinabstimmung des Parametersatzes statt. Die Arbeiten [156, 157] und [14] gehen zwar gezielt auf subjektive Untersuchungsmethoden in der virtuellen Umgebung von Fahrsimulatoren ein, diese liegen allerdings nicht im Schwerpunkt der fahrbarkeitsbezogenen Applikation von Steuergerätedatensätzen.

Die Sichtung der Literatur zeigt, dass sich hinsichtlich der Steuergeräteapplikation im Kontext des Frontloadings folgender Forschungsbedarf ergibt:

• Untersuchung der Machbarkeit in detaillierten SiL-Simulationsumgebungen

• Untersuchung, inwieweit sich Methoden der künstlichen Intelligenz zur gezielteren Parameteroptimierung einsetzen lassen.

• Integration des Faktors „Mensch" in den vorgezogenen Applikationsprozess.

1.2 Zielsetzung und Aufbau der Arbeit

In den vergangenen Jahren haben sich überwiegend evolutionäre Algorithmen zur Optimierung von Datensätzen etabliert. Diese erfordern zur Berechnung des Lösungsraums allerdings eine hohe Anzahl sogenannter Individuen. Damit dieser Prozess in vertretbarer Zeit in Prüfstands- und Simulationsumgebungen durchgeführt werden kann, haben sich Methoden der DoE und Ersatzmodellbildung durchgesetzt. Zu den Nachteilen dieser Vorgehensweise zählt jedoch, dass das Optimierungsergebnis stets von der Güte des trainierten Modells abhängig ist [203]. Alternative vorgestellte Ansätze nach Fuzzy-Logik sind in der Lage schneller und direkt am Zielsystem die Optimierung durchzuführen, allerdings sind diese auf individuelle Anwendungsfälle zugeschnitten. Vor diesem Hintergrund soll ein mehrkriterieller Optimierungsalgorithmus definiert werden, welcher den Lösungsraum auf eine neuartige Weise mit einer geringeren Individuenzahl durchsucht. Dieses Ziel soll durch den Einsatz von KI erreicht werden und somit ebenfalls in diesem Bereich einen Forschungsbeitrag leisten.

Zur Ausnutzung des Frontloading-Potentials und der Vermeidung realer ECUs ist
bezüglich der Ausführungsumgebung eine frühe Phase zu wählen. Diese wird für
ein hohes Maß an Automatisierbarkeit im Bereich des SiL definiert. Durch Integration realer Programm- und Datenstände lässt sich zudem ein hoher Realitätsgrad
der Simulationsumgebung erzielen. Die echtzeitfähige Verkopplung mit einem
Fahrsimulator und somit die Einbeziehung subjektiver Betrachtungen im virtuellen
Applikationsprozess beschreibt das finale Ziel.

Der Inhalt dieser Arbeit ist wie folgt aufgebaut:

- **Kapitel 2** behandelt den Stand der Technik und gibt einen Überblick hinsichtlich Entwicklung und Aufbau eines modernen Steuergerätes im Fahrzeug. Auf
  Grundlage der behandelten Literatur erfolgt weiterhin eine Behandlung der modellbasierten automatisierten Applikation.

- Notwendige theoretische Grundlagen zu den eingesetzten Methoden werden
  in **Kapitel 3** erörtert. Insbesondere wird auf die Theorie des selbstverstärkten
  Lernens aus dem Bereich der KI eingegangen. Des Weiteren wird die menschliche
  Bewegungswahrnehmung in einem Fahrsimulator diskutiert.

- **Kapitel 4** stellt den Prozess der virtuellen Steuergeräteapplikation vor. Der Hauptteil dieses Kapitels ist die Beschreibung eines selbstlernenden Algorithmus zur
  multikriteriellen Datensatzoptimierung. Der Optimierungsansatz gliedert sich in
  die Methodik des selbstverstärkten Lernens ein. Diese wird um mehrere voneinander unabhängige KIs erweitert, die jedoch kooperativ nach einer optimalen
  Lösungsschar suchen. Hiermit soll die Forschungsfrage hinsichtlich eines alternativen und KI-basierten Optimierungsansatzes geklärt werden. Zu weiteren
  wesentlichen Bestandteilen dieses Kapitels zählen die Virtualisierung eines Fahr-
  zeugsteuergeräts und die Verkopplung mit einem vollbeweglichen Fahrsimulator.

- In **Kapitel 5** werden die Ergebnisse des selbstlernenden Optimierungsansatzes
  diskutiert. Durch Integration des vollbeweglichen Stuttgarter Fahrsimulators wird
  die Möglichkeit zur gesamtheitlichen Applikation durch virtuelle Methoden geprüft. Wesentlicher Bestandteil zur Klärung der Forschungsfrage hinsichtlich der
  Machbarkeit zur virtuellen subjektiven Datensatzapplikation ist die Durchführung
  einer Expertenstudie.

- **Kapitel 6** schließt letztendlich die vorliegende Arbeit mit einer Schlussfolgerung
  und einem Ausblick bezüglich weiterer Fragestellungen ab.

2 Stand der Technik

Nach Sichtung der relevanten Literatur und Definition der Forschungsfragestellung, wird an dieser Stelle auf den Stand der Technik hinsichtlich der Themenschwerpunkte Fahrzeugsteuergeräte[3], Applikationszugriff und der automatisierten Datensatzapplikation eingegangen.

2.1 Fahrzeugsteuergeräte – Entwicklung und Architektur

Die Entwicklung von moderner Softwaretechnik, aber auch von mechatronischen Systemen, geschieht in der Regel auf Grundlage eines Vorgehensmodells. Das jeweilige Vorgehensmodell wird zu Beginn der Entwicklung gewählt und beschreibt, wie die einzelnen Arbeitsschritte während der Entwicklung hierarchisch anzuordnen sind und welche Beziehungen zwischen den Arbeitsschritten bestehen. Als Vertreter der Vorgehensmodelle können hier beispielsweise das Wasserfallmodell nach Royce [25], das V-Modell nach Böhm [23] und das Spiralmodell [24] genannt werden. Für weitere Beispiele sei an dieser Stelle auf [25] verwiesen. Die wesentlichen Schritte eines Entwicklungsprozesses sind innerhalb der Vorgehensmodelle meist ähnlich. Diese Schritte umfassen die Spezifikation, den Entwurf, die Implementierung, den Modultest, den Integrations- und Systemtest sowie den Akzeptanztest. Aufgrund des hohen Standardisierungsgrades der Vorgehensmodelle müssen diese in einigen Fällen unternehmens- oder projektbezogen angepasst werden [25].

Für die Beschreibung des Entwicklungsprozesses mechatronischer Systeme im Automobilbau ist das V-Modell aus Abbildung 2.1 eine weit verbreitete Variante. Der Grund hierfür ist die umfassende Absicherung durch Tests im Laufe der gesamten Entwicklung, wodurch diese Vorgehensweise auch für sicherheitskritische Systeme interessant wird. Die einzelnen Arbeitsschritte sind in diesem Modell generisch angeordnet und beginnen oben im linken Ast mit der Anforderungsspezifikation.

---

[3]Aufgrund der Relevanz für diese Arbeit, behandelt dieses Kapitel insbesondere die Ausführung der Steuergeräte-Software. Für einen Überblick hinsichtlich des Aufbaus der Hardware und dessen Funktionsprinzip sei der interessierte Leser auf Kapitel A.3 im Anhang verwiesen.

© Der/die Autor(en), exklusiv lizenziert an
Springer Fachmedien Wiesbaden GmbH, ein Teil von Springer Nature 2023
M. Scheffmann, *Ein selbstlernender Optimierungsalgorithmus zur virtuellen Steuergeräteapplikation*, Wissenschaftliche Reihe Fahrzeugtechnik Universität Stuttgart, https://doi.org/10.1007/978-3-658-41972-1_2

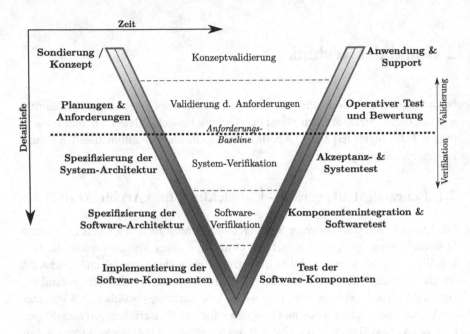

Abbildung 2.1: Entwicklung von elektrischen und/oder elektronischen Systemen im
Fahrzeug nach dem V-Modell (nach [23], [79])

Diese werden entlang des linken Astes nach unten weiter konkretisiert und anschließend entlang des rechten Astes wieder nach oben in die geforderte Softwarelösung
umgesetzt. Der abschließende Arbeitsschritt ist der (subjektive) Akzeptanztest mit
der Verifikation der Anforderungen.

Zu den großen Unterschieden zwischen dem V-Modell[4] und dem Wasserfallmodell
zählt, dass nicht nur die Abhängigkeiten zwischen den einzelnen Arbeitsschritten
geprüft werden. Das V-Modell erlaubt den gezielten Abgleich der Handlungen im
rechten Ast mit den entstehenden Dokumenten (oder Testfälle) aus dem linken Ast.
Neben der Entwicklung des mechatronischen Systems besteht durch das V-Modell
die Möglichkeit zur Standardisierung des Projektmanagements, des Konfigurations-
managements und der Qualitätssicherung [25]. Als Nachteil für dieses Modell kann
jedoch die Schwierigkeit genannt werden, dass zu Beginn des Projekts bereits alle
Anforderungen festgelegt sein müssen.

---

[4]Eine ausführliche Beschreibung der einzelnen Arbeitsschritte innerhalb des Modells gibt [151].

Des Weiteren findet das V-Modell Anwendung innerhalb der ISO 26262 [79]. Es handelt sich dabei um eine ISO-Norm für sicherheitsrelevante elektrische und elektronische Systeme in Kraftfahrzeugen und ist eine Anpassung der IEC 61508 [51] für die Fahrzeugentwicklung bis 3500kg. Im Allgemeinen beschreibt diese Norm, welche Aktivitäten und Methoden im Entwicklungsprozess eingesetzt werden müssen. Innerhalb der ISO 26262 ist weiterhin ein Risikobeurteilungssystem definiert, in welchem die Kritikalität eines Systems einer Kategorie zugeordnet wird. Diese wird als Automotive Safety Integrity Level (ASIL) bezeichnet. Das Gefährdungsrisiko nach ASIL wird mit A, B, C oder D kategorisiert, wobei A der geringsten und D der höchsten möglichen Gefährdung entspricht.

Hinsichtlich der Entwicklung sicherheitskritischer Systeme nach ISO 26262 haben sich modellbasierte Methoden etabliert. Die modellbasierte SW-Entwicklung mit automatischer Seriencode-Generierung findet insbesondere in der Automobilindustrie eine weite Verbreitung. Als Gründe sind hier zum einen eine steigende Anzahl an verbauten sicherheitskritischen Systemen im Fahrzeug, zum anderen stetig steigende Anforderung bei kürzeren Entwicklungszeiten zu nennen. Dies erfolgt jedoch vor dem Hintergrund einer guten Dokumentierbarkeit der Prozessschritte und der Umsetzung der Implementierungsrichtlinien nach MISRA-C[5] [113].

Zur Entwicklung und dem Test der SW-Bestandteile im geschlossenen Regelkreis dienen, wie nachfolgend im Detail aufgeführt, unterschiedliche Simulationsumgebungen. Dies ist in diesem Kontext als X-in-the-Loop (XiL) zu bezeichnen:

Model-in-the-Loop (MiL): MiL-Simulationen werden in frühen Phasen der SW-Funktionsentwicklung eingesetzt. Anwendung findet dieser Prozess in der Spezifikation der Softwarekomponenten, Parametrierung von Steuerungs- und Regelungsfunktionen und zur Überprüfung des Systemverhaltens auf Grundlage der Anforderungen. Die Softwarekomponenten werden in der Regel modellbasiert in einer grafischen Entwicklungsumgebung wie z. B. MATLAB/Simulink erstellt. Das Modellverhalten wird anschließend im geschlossenen Regelkreis (Closed-Loop) zusammen mit einem Umgebungsmodell (z. B. Triebstrang) in einer virtuellen Umgebung geprüft. Im Vordergrund steht die korrekte Umsetzung der gewünschten Anforderungen und noch nicht das Verhalten auf der Zielhardware. Infolgedessen erfolgt die Berechnung auf dem Host-Rechner, sowohl für das Modell als auch für die Regelstrecke, in 64-Bit Gleitkommazahlen. Die entstehenden Ergebnisse dienen als Referenz für alle folgenden Methoden im Rahmen der Funktionsentwicklung.

---

[5]C-Programmierstandard der Motor Industry Software Reliability Association für SW-Entwicklung in der Fahrzeugtechnik.

Software-in-the-Loop (SiL): Im nächsten Schritt wird auf Grundlage der modell-basierten Spezifikation kompilierter C-Code erstellt. Durch den Einsatz von Code-Generatoren (z. B. TargetLink, Simulink Coder) kann ausgehend vom Funktionsmo-dell die Code-Erzeugung innerhalb eines automatisierten Prozesses vorgenommen werden. Da im Automobilbereich aus Kostengründen überwiegend Mikroprozesso-ren zum Einsatz kommen, welche Befehle mit Festkomma-Arithmetik verarbeiten, muss der Code dementsprechend erzeugt werden. Auch bei dieser Methodik er-folgt die Simulation in einer rein virtuellen Umgebung. Das heißt, der erzeugte Code wird zusammen mit dem Streckenmodell auf dem Entwickler-PC getestet. Der erzeugte C-Code wird innerhalb der Simulink-Umgebung als kompilierte und gelinkte S-Function-DLL[6] ausgeführt. Da die numerischen Effekte in der virtuellen Umgebung auf dem Host-PC identisch mit denen auf der Zielhardware sind, eignet sich die SiL-Methode zur Identifikation möglicher Quantisierungsfehler [36]. Auf Grundlage vorliegender Ergebnisse aus MiL-Simulationen lassen sich derartige Fehler durch Back-to-Back-Tests aufdecken.

Processor-in-the-Loop (PiL): PiL-Simulationen lassen sich hierarchisch als Tests zwischen SiL und HiL einordnen. Der Code wird bei dieser Methodik für den Zielprozessor kompiliert und auf diesem ausgeführt. Der Zielprozessor ist auf einem Evaluationsboard integriert, welches mit dem Host-PC verbunden ist. Das Funktionsmodell wird unter realistischen Randbedingungen ausgeführt und kann im geschlossenen Regelkreis mit der gleichen Regelstrecke (wie aus MiL und SiL) getestet werden. Diese Methode ermöglicht die Identifikation von Fehlern, welche durch die Zielhardware-Kompilierung oder den Zielprozessor hervorgerufen werden können, noch bevor die vollständige Hardware des Steuergeräts vorliegt. Des Weiteren erlauben PiL-Simulationen Tests hinsichtlich der Rechenzeit und des Stackverbrauchs auf dem Zielprozessor.

Hardware-in-the-Loop (HiL): Sobald die reale Hardware des Steuergeräts vorliegt, muss diese im Zusammenspiel mit der entwickelten Software getestet werden. Das Steuergerät wird mit einem HiL-Simulator verbunden, welcher in der Lage ist, die benötigten Sensor- und Aktuatorsignale in Echtzeit zu verarbeiten. Diese dienen als Ein- und Ausgangssignale für das Streckenmodell (z.B. Simulink), welches auch hier für die Closed-Loop-Simulation Verwendung findet. Der beschriebene Prozess lässt sich als Software-Integrationstest oder Komponenten-HiL innerhalb des V-Modells interpretieren. Der Testumfang, welcher durch den Begriff HiL aufgespannt

---

[6]DLL: Dynamic Link Library.

wird, ist jedoch weitreichender und umfasst z.b. Test des realen Steuergeräts im Verbund mit anderen realen oder virtuellen Steuergeräten.

Die SW-Systemarchitektur ist auf Mikrocontrollern der aktuellen Generation nach dem Vorbild von AUTOSAR gestaltet. Dabei handelt es sich um die internationale Organisation *Automotive Open System Architecture*, welche 2003 gegründet wurde und sich für einen offenen Standard für elektrische und elektronische Systeme im Fahrzeug einsetzt. Die Grundidee besteht in der Definition standardisierter Schnittstellen, sowie der baureihen- und fahrzeugübergreifenden Gewährleistung zur Austauschbarkeit von Software-Bestandteilen. Zu den Gründungsmitgliedern von AUTOSAR zählen BMW, Robert Bosch GmbH, Continental AG, Daimler AG, Siemens VDO, Volkswagen und wenig später im selben Jahr Ford, Groupe PSA, Toyota und General Motors.

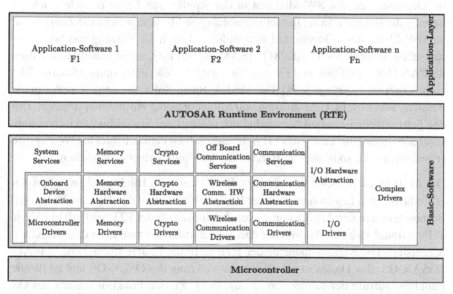

Abbildung 2.2: AUTOSAR-Systemarchitektur für Mikrocontroller (nach [10])

Die grundlegende Systemarchitektur nach AUTOSAR ist in Abbildung 2.2 zusammengefasst. Zu den wesentlichen Bestandteilen der Architektur zählt die Anwendungsschicht (Application-Layer), die Laufzeitumgebung (Runtime Environment RTE) und die Basis-Software (Basic-Software BSW) [10]. Innerhalb der Anwendungsschicht befinden sich die herstellerspezifischen und weitestgehend hardwareunabhängigen Software-Komponenten. Diese Komponenten beschreiben das Systemverhalten der Steuerungs- und Regelungsfunktionen der ECU. Der Datenaustausch der SW-Komponenten innerhalb einer ECU oder in Verbund mit anderen ECUs findet über standardisierte Ports statt. Die Kommunikation ist nach dem Client-Server- oder dem Sender-Receiver-Prinzip verwirklicht. Der wesentliche Unterschied besteht darin, dass bei einer Client-Server-Kommunikation eine Rückmeldung über eine erfolgreiche Datenübertragung erfolgt. Bei einer Sender-Receiver-Kommunikation geschieht der Datenaustausch asynchron und ohne weitere Rückmeldung. Ein weiterer Bestandteil einer SW-Komponente sind Triggerelemente, welche das Element zur Programmausführung veranlasst. Im Wesentlichen kann die Triggerung zeitbasiert und zyklisch, ereignisbasiert oder in Abhängigkeit von Kommunikationsereignissen erfolgen.

Im Gegensatz zu den SW-Modulen in der Application-Layer befinden sich im Bereich der Basic-Software herstellerunabhängige Module, welche die Zugriffe auf die HW-Ebene des Mikrocontrollers definieren. Durch die Nutzung von bereits bestehenden Arbeiten wie OSEK [81], ASAM [8] und ISO, sowie Industriekonsortien für CAN [146], LIN [80] und Flexray [78], wird das Ziel einer standardisierten Modulbeschreibung verfolgt [139]. Die Module Basic-Software werden weiter in die Bereiche Services, ECU Abstraction und Microcontroller Abstraction separiert. Um den Schnittstellenstandard beizubehalten, verläuft der Signalfluss zwischen logischer SW-Ebene und elektrischer HW-Ebene. Sollten dennoch direkte HW-Zugriffe erforderlich sein, so ist dies im Bereich der Complex Drivers vorgesehen.

Die AUTOSAR Runtime Environment (RTE) stellt das Bindeglied zwischen den HW-abhängigen Komponenten in der Basic-Software und den HW-unabhängigen Bestandteilen in der Application-Layer dar. Innerhalb der RTE verläuft ein Virtual Functional Bus (VFB), welcher den Signalaustausch zwischen den Schichten organisiert. Die Kernkomponente der RTE stellt die Laufzeitumgebung, das AUTOSAR-OS, dar. Dieses ist eine Weiterentwicklung des OSEK-OS und ist für die Funktionsaufrufe der Komponenten zuständig. Zu den Funktionalitäten des OS zählen die Ablaufplanung (Scheduling), das Interrupt-Handling, das Ressourcenmanagement und die Zeitverwaltung.

2.2 Steuergerätezugriff zur Datenstandsapplikation

Der Applikationszugriff durch Mess-, Kalibrier- und Diagnosesysteme (MCD) wird durch das Schnittstellenmodell nach ASAM beschrieben und ist schematisch in Abbildung 2.3 verdeutlicht. Das Modell ist in die Schnittstellenebenen ASAM MCD-1 MC bis ASAM MCD-3 MC weiter untergliedert [132].

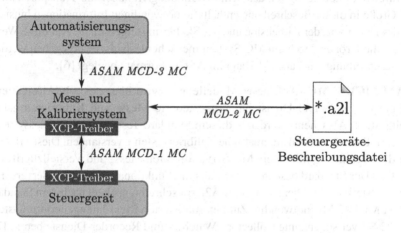

Abbildung 2.3: Das ASAM MCD-Schnittstellenmodell (nach [132])

ASAM MCD-1 MC: Diese Schnittstelle beschreibt die Verbindung des Steuergerätes mit dem Mess- und Kalibriersystem hinsichtlich der physikalischen und protokollspezifischen Ausführung. Konkret wird dadurch der Lese- und Schreibzugriff auf interne Steuergerätedaten definiert. Nach aktuellem Standard erfolgt die Kommunikation über das XCP-Protokoll. XCP arbeitet nach dem Master-Slave-Prinzip, wobei das Steuergerät als Slave und das MCD-Werkzeug als Master ausgeführt wird. Ein XCP-Master ist dabei in der Lage simultan mit mehreren XCP-Slaves zu kommunizieren. Damit XCP unabhängig von einer spezifischen physikalischen Transportschicht verwirklicht werden kann, ist das XCP-System in eine Transport- und eine Protokollschicht untergliedert. Auf diese Weise kann dieses standardisiert um weitere Transportschichten skaliert werden. Als Beispiel seien an dieser Stelle XCP on CAN, XCP on FlexRay und XCP on Ethernet genannt. Aufgrund der unabhängigen Gestaltung der Transportschicht löst XCP das CAN Calibration Protocol (kurz CCP) und somit die ASAP1b-Schnittstelle ab.

ASAM MCD-2 MC: Dieser Standard stellt im Wesentlichen ein Beschreibungsformat für MCD-Anwendungen auf ECU-Größen bereit. In diesem Standard sind für jede Mess- und Kalibriergröße die Einsprungadressen im Adressbereich des Datenspeichers, inklusive der Art des Speichers und der Zugriffsmethode, dokumentiert. Als Kalibrierparameter sind Einzelparameter, Kennlinien und mehrdimensionale Kennfelder zu verstehen. Des Weiteren enthält diese Beschreibungsdatei wesentliche Informationen bezüglich des Schnittstellenzugriffs über die Transportschicht. Jede Größe in dieser Beschreibung enthält die notwendigen Informationen hinsichtlich des Datentyps, der Dimension und der Skalierungseigenschaft. Auf diese Weise können die Größen durch ein MC-System menschenlesbar wiedergegeben werden. Die Beschreibung wird als .a2l-Datei im ASCII-Format abgelegt [6].

ASAM MCD-3 MC: Auf dieser Modellebene wird über eine objektorientierte API ein Client-/Server-Dienst für ferngesteuerte Mess- und Kalibrieraufgaben bereitgestellt. Als Clients werden in diesem Standard Testautomatisierungssysteme (wie z. B. Prüfstände) und automatische Kalibriersysteme verstanden. Diese erhalten über die Verbindung mit einem MC-Server direkten Mess- und Verstellzugriff auf die ECU. Der Standard beschreibt ebenfalls die Funktionalität des MC-Servers. Für die Bereitstellung des Dienstes ist eine A2L-Beschreibungsdatei nach dem Standard ASAM MCD-2 MC notwendig. Zur automatisierten Messdatengenerierung stellt der MC-Server sogenannte Collector-, Watcher- und Recorder-Dienste bereit. Der Collector stellt Mess- und Kalibrierdaten in Echtzeit dem Client zur Verfügung. Für größere Bandbreiten und bei Gefährdung der Echtzeitanforderung dient ein Zwischenspeicher (Recorder) auf dem MC-Server. Ein Watcher überwacht den Messprozess und regelt die Messdatenaufzeichnung in Abhängigkeit von vorab definierten Bedingungen [7].

2.3 Automatisierte Steuergeräteapplikation

Der Prozess zur automatisierten Datensatzoptimierung und -applikation ist in Abbildung 2.4 auf Grundlage der betrachteten Literatur skizziert. Zu den wesentlichen Elementen im dargestellten Ablauf zählen die statistische Versuchsplanung (Design of Experiment), die Meta-Modellbildung und die Zielgrößenoptimierung. Ein derartiger modellbasierter Applikationsansatz soll dazu beitragen, qualitativ hochwertige Datensätze zu gewinnen und dabei gleichzeitig lange Laufzeiten in der Simulation oder an Prüfständen zu vermeiden.

Der Anwender definiert zunächst den zu optimierenden Datensatz und die erforderlichen Zielgrößen. Als Optimierungsgrößen gelten in diesem Kontext einzelne Parameter, sowie Stützstellen von Kennlinien und Kennfeldern. Multikriterielle Ansätze sind in der Lage zwei und mehr (konkurrierende) Zielgrößen gleichzeitig zu optimieren. Hier sei beispielhaft der Treibstoffverbrauch oder die Leistung eines Fahrzeugs zu nennen. Von Relevanz ist lediglich, dass sich die Zielgröße numerisch beschreiben lässt.

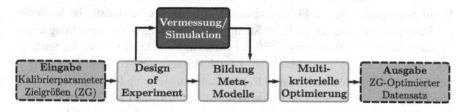

Abbildung 2.4: Prozesskette zur automatisierten Datensatzoptimierung

Ausgehend von einem definierten Datensatz wird innerhalb des Design of Experiments ein geeigneter Versuchsplan erstellt. Die jeweiligen Parameterkombinationen dieses Versuchsplans werden anschließend zur Ermittlung der zugehörigen Zielgrößen sukzessive simuliert oder am realen System vermessen. Auf Grundlage der gewonnenen Informationen erfolgt die Erstellung eines Ersatzmodells des ursprünglich betrachteten Systems. Ein derartiges Meta-Modell bildet letztendlich das Systemverhalten zwischen dem Parametersatz und den Zielgrößen ab. Zum großen Vorteil der Ersatzmodellbildung zählt die sehr schnelle Aussagefähigkeit hinsichtlich des Systemverhaltens, weshalb dieses zur effizienten Optimierung geeignet ist. Abschließend erfolgt auf dieser Grundlage der multikriterielle Optimierungsprozess automatisiert. Die folgenden Ausführungen dienen der Vermittlung eines theoretischen Verständnisses hinsichtlich der genannten Prozessinhalte.

2.3.1 Statistische Versuchsplanung

Das Konstruktionsziel von Versuchsplänen für komplexe Zusammenhänge ist die gezielte Verteilung der Testpunkte im Faktorraum, um bei einer gegebenen Versuchsanzahl einen größtmöglichen Informationsgewinn zu erhalten. Nach [166] können folgende Konstruktionsmethoden genannt werden:

• (Quasi) Monte-Carlo

• Orthogonale Testfelder

• Latin Hypercube

• Gleichverteilte Testfelder (Uniform Designs)

Wie die eingangs beschriebene Literaturübersicht zeigt, haben sich insbesondere Versuchspläne nach dem Latin Hypercube Design (LHD) als beliebte Wahl zur Parameteroptimierung von ECUs etabliert. Das LHD ist eine statistische Methode zur Erzeugung quasi-randomisierter Stichprobenverteilungen. Die Erstellung eines Versuchsplans liefert die Matrix X^{LHD} der Größe n_r x n_f. Jeder Eintrag der Spaltenvektoren $\{1, 2, ..., n_f\}$ dieser Matrix wird durch Permutation der Werte $\{1, 2, ..., n_r\}$ gebildet. Auf diese Weise lassen sich quasi-randomisierte und hochdimensionale Versuchspläne realisieren. Die Konstruktionsmethodik des LHD beruht auf dem Prinzip des lateinischen Quadrates[7]. Darunter ist ein quadratisches Schema mit n x n Einträgen zu verstehen [124]. Die Anordnung der Einträge in diesem Schema ist dabei so gestaltet, dass in jeder Zeile und jeder Spalte jedes Element nur einmalig vorkommt[8]. Ein Versuchsplan nach LHD lässt sich prinzipiell durch Anwendung des Latin Hypercube Sampling (LHS) aus einem Faktorraum in einen Einheitsraum überführen:

$$x_{ij}^{LHS} = \frac{x_{ij}^{LHD} - rand[0,1]}{n_r} \quad mit \quad x_{ij}^{LHD} \in \{1, 2, ..., n_r\} \qquad \text{Gl. 2.1}$$

Abbildung 2.5 illustriert beispielhaft zwei Versuchspläne nach dem LHS-Prinzip. Beide Versuchspläne erfüllen sämtliche der genannten Konstruktionsrichtlinien, jedoch wird dadurch nicht gewährleistet, dass eine gleichverteilte und korrelationsfreie Anordnung im Raum entsteht. Die Anwendung definierter Gütekriterien ermöglicht eine Qualitätsbeurteilung der Testfelder und liefert eine Zielgröße zur Optimierung dieser. Hierzu zählen Varianten des MaxiMin-/MiniMax-Prinzips nach [85], die Maximierung der Entropie nach [165] und Diskrepanz-Kriterien zur Beurteilung der Gleichverteilung [65, 41, 42]. Vertretend für die Methoden der Gütekriterien und ihre Anwendung in Bezug auf die Versuchsplanerstellung nach LHS sollen an dieser Stelle das Φ_p-Kriterium [34] und die zentrierte und einhüllende Diskrepanz Erwähnung finden.

---

[7]Engl. Latin Square.
[8]Ein lateinisches Quadrat der Ordnung 9 und dem Schema 3 x 3 resultiert in dem Zahlenrätsel Sudoku.

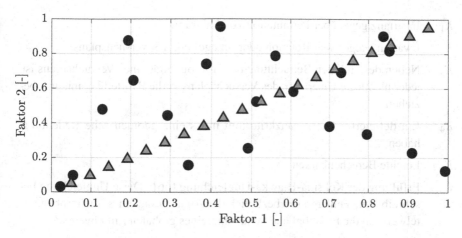

Abbildung 2.5: Gestaltung zweidimensionaler Versuchspläne nach dem Latin Hypercube Sampling (LHS)

Φ_p**-Kriterium:** Dieses Gütemaß ist eine Erweiterung der MaxiMin-Methodik und ist somit ein Punktabstandskriterium. Die Bestimmung erfolgt unter Betrachtung der euklidischen Distanz $dist\,(x_i, x_k)$ zwischen zwei Punkten x_i und x_k im Raum:

$$\Phi_p(X) = \left[\sum_{1 \leq i \leq k \leq n_r} dist\,(x_i, x_k)^{-p} \right]^{1/p}$$ Gl. 2.2

Das Gütemaß lässt sich durch die Variable p parametrieren. Eine Erhöhung dieser Variablen reduziert den Einfluss von größeren Punktabständen auf dieses Kriterium. Je geringer der Wert des Φ_p-Kriteriums, umso gleichverteilter ist die Punkteanordnung im Versuchsraum. Allerdings erlaubt dieser Wert keine globale Aussage zur Lage im Einheitsraum, da sich die Betrachtung auf die relative Lage der Punkte untereinander konzentriert.

Zentrierte und einhüllende Diskrepanz: Die Begrifflichkeit der Diskrepanz beschreibt ein Maß der Homogenität, welches die Möglichkeit zur Konstruktion einheitlicher Muster bietet. In [42] sind folgende Anforderungen an ein Gütekriterium zur Beschreibung einer homogenen Verteilung definiert:

K_1 Invarianz gegenüber Permutation von Faktoren

K_2 Invarianz gegenüber Rotation oder Spiegelung des Versuchsplans

K_3 Neben der globalen Betrachtung der Homogenität eines Versuchsplans ist jeder nichtleere Unterraum des Versuchsplans in die Beurteilung miteinzubeziehen

K_4 Ein definiertes Diskrepanzkriterium muss eine geometrische Bedeutung haben

K_5 Leichte Berechenbarkeit

K_6 Erfüllung der Koksma-Hlawka-Ungleichung [66]. Diese Ungleichung beschreibt eine Fehlergrenze bezüglich der Annäherung eines Stichprobenmittelwerts an die bestmögliche Schätzung eines globalen Mittelwertes[9]

Sowohl Kriterien der zentrierten als auch der einhüllenden Diskrepanz erfüllen sämtliche Anforderungen und eignen sich somit zur Beurteilung der Ungleichverteilung eines Testplans. Das Gütemaß der zentrierten Diskrepanz wird nach [65] durch

$$ZD(X)^2 = \left(\frac{13}{12}\right)^{n_f} - \frac{2}{n_r} \sum_{k=1}^{n_r} \prod_{j=1}^{n_f} \left(1 + \frac{1}{2}|x_{kj} - 0.5| - \frac{1}{2}|x_{kj} - 0.5|^2\right)$$
$$+ \frac{1}{n_r^2} \sum_{k=1}^{n_r} \sum_{j=1}^{n_r} \prod_{i=1}^{n_f} \left[1 + \frac{1}{2}|x_{ki} - 0.5| + \frac{1}{2}|x_{ji} - 0.5| - \frac{1}{2}|x_{ki} - x_{ji}|\right]$$

Gl. 2.3

beschrieben. Beurteilt wird hierbei die Lage der Punkte zu einem Referenzpunkt *RP* im Zentrum des Einheitsraumes (z. B. im zweidimensionalen Fall $[0.5, 0.5] \in \mathbb{R}^2$, Abbildung 2.6 links). Zur Berechnung der Diskrepanz wird von diesem Referenzpunkt aus ein Rechteck bis zum nächstgelegenen Eckpunkt des Faktorraumes aufgespannt. Somit ist, im Gegensatz zum Φ_p-Kriterium aus Gleichung 2.2, eine Beurteilung des Versuchsplans hinsichtlich der globalen Lage im Raum gegeben.

Wird nicht die Rechteckfläche zwischen einem Referenzpunkt und einem Eckpunkt, sondern zwischen 2 Punkten im Faktorraum betrachtet, so lässt sich die Berechnungsvorschrift der einhüllenden Diskrepanz [65] ableiten:

$$ED(X)^2 = -\left(\frac{4}{3}\right)^{n_f} + \frac{1}{n_r^2} \sum_{i=1}^{n_r} \sum_{k=1}^{n_r} \prod_{j=1}^{n_f} \left[\frac{3}{2} - |x_{ij} - x_{kj}| \left(1 - |x_{ij} - x_{kj}|\right)\right]$$

Gl. 2.4

---

[9]Anhang A.4 liefert eine detaillierte Beschreibung der Koksma-Hlawka-Ungleichung.

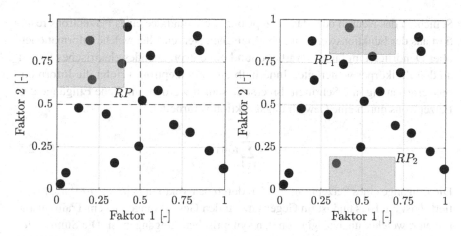

Abbildung 2.6: Links: Zentrierte Diskrepanz; Rechts: Einhüllende Diskrepanz

Das Kriterium erhält die Bezeichnung „einhüllend", da die Rechteckflächen eben-falls über die Grenzen des Faktorraumes hinweg zusammenhängen können[10] (siehe Abbildung 2.6 rechts).

2.3.2 Meta-Modellbildung

Dieses Kapitel liefert eine grundlegende theoretische Beschreibung relevanter An-sätze zur Meta-Modellbildung. Zu nennen sind Polynom-Regressions-Modelle, Radial Basis Funktionen, Lokal-Lineare Modelle, Support Vector Machine Regres-sionsmodelle, mehrschichtige Perzeptron-Netzwerke und Gauß-Prozessmodelle. Stellvertretend soll an dieser Stelle auf die Methode des mehrschichtigen Perzeptron-Netzwerkes eingegangen werden, da diese ebenfalls im Rahmen der Methodenent-wicklung in Kapitel 4.1 einen wesentlichen Bestandteil darstellt. Die theoretische Behandlung aller weiteren genannten Ansätze ist in Kapitel A.5 aufgeführt. Für einen detaillierteren Einblick wird weiterhin auf [19] und [123] verwiesen.

Mehrschichtiges Perzeptron-Netzwerk: Das mehrschichtige Perzeptron (multi-layer perceptron, MLP) zählt zu den bekanntesten und meist verwendeten neuro-nalen Netzwerkstrukturen und wird in einigen Veröffentlichung als Synonym für NN angesehen [123]. Die kleinste Einheit einer MLP-Struktur ist in den verdeckten

---

[10] Im englischen Spachraum trägt dieses Gütemaß daher die Bezeichnung *wrap-around discrepancy*.

Schichten das Neuron oder das Perzeptron. Die Grundidee eines Perzeptrons resultiert aus der Funktionsweise einer biologischen Nervenzelle, welche Informationen über Dendriten empfängt, verarbeitet und ein entsprechendes elektrisches Signal an den Zellkörper weiterleitet. Innerhalb eines Perzeptrons erfolgt die Informationsverarbeitung in 2 Schritten. Im ersten Schritt werden sämtliche Eingänge des Perzeptrons durch eine Gewichtungsfunktion verarbeitet:

$$\hat{x} = \sum_{i=1}^{N} u_i w_i + b \qquad \text{Gl. 2.5}$$

Die Eingänge eines Perzeptrons werden durch den Vektor $u = [u_1, ..., u_D]^T$ repräsentiert. b ist ein Bias und ist im Gegensatz zu den Gewichtungen w_i ein Trainingsparameter, welcher unabhängig von den synaptischen Eingängen ist. Die Summe der gewichteten Eingänge x wird als Aktivierungspotential bezeichnet und im nächsten Schritt durch eine Aktivierungsfunktion verarbeitet. Typischerweise werden an dieser Stelle Begrenzungsfunktionen eingesetzt, welche das Aktivierungspotential auf ein bestimmtes Intervall begrenzen (wie beispielsweise $\{x \in \mathbb{R} \mid 0 \leq x \leq 1\}$). Als Aktivierungsfunktion findet unter anderem die Sigmoidfunktion

$$\hat{g}(x) = Sigmoid(x) = \frac{1}{1 + exp(-x)} \qquad \text{Gl. 2.6}$$

oder der Tangens hyperpolicus

$$\hat{g}(x) = tanh(x) = \frac{1 - exp(-2x)}{1 + exp(-2x)} = 2Sigmoid(2x) - 1 \qquad \text{Gl. 2.7}$$

Anwendung. Diese Funktionen haben die besondere Eigenschaft, dass diese zum einen nach Gl. 2.6 und 2.7 ineinander überführt werden können und zum anderen enthalten ihre Ableitungen wiederum Funktionen der Stammfunktion:

$$\frac{d\hat{g}(x)}{dx} = \frac{dSigmoid(x)}{dx} = \frac{exp(-x)}{(1 + exp(-x))^2} = \hat{g}(x) - \hat{g}(x)^2 \qquad \text{Gl. 2.8}$$

$$\frac{d\hat{g}(x)}{dx} = \frac{dtanh(x)}{dx} = \frac{1}{cosh^2(x)} = 1 - tanh^2(x) = 1 - \hat{g}(x)^2 \qquad \text{Gl. 2.9}$$

Durch die einfache Differenzierbarkeit sind diese Funktionen eine beliebte Wahl für das Modelltraining mit gradientenbasierten Optimierungsverfahren, wie beispielsweise unter Anwendung der Backpropagation-Technik [149].

Werden mehrere Perzeptronen in einer verdeckten Schicht parallel angeordnet und mit einem Ausgabeneuron zu einem Netzwerk verbunden, so entsteht das Modell eines MLP mit einer verdeckten Schicht (Abbildung 2.7).

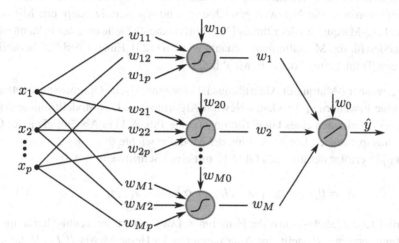

Abbildung 2.7: Netzwerkstruktur eines mehrschichtigen Perzeptron-Netzwerks MLP (nach [123])

Die Ausgabe $\hat{y}$ dieses Netzwerks ergibt sich formal aus

$$\hat{y} = \sum_{i=0}^{M} w_i \phi_i \left(\sum_{j=0}^{p} w_{ij} x_j \right) \quad mit \quad \phi_0 = 1 \ und \ x_0 = 1 \qquad \text{Gl. 2.10}$$

und beinhaltet Gewichtungen in der Ausgabeschicht w_i und innerhalb der verdeckten Schichten w_{ij}. Die Gewichtungen in der Ausgabeschicht sind lineare Parameter, welche die Amplitude der Basisfunktionen ϕ_i bestimmen. Demgegenüber bestimmen die Gewichtungen in den verdeckten Schichten die Verläufe, Steigungen und Positionen der Basisfunktionen. Aus der Anzahl der Perzeptronen M und der Eingänge p ergibt sich die Gesamtzahl der Trainingsparameter nach Gl. 2.11:

$$M(p+1) + M + 1 \qquad \text{Gl. 2.11}$$

MLP können als universelle Methode zur Funktionsapproximation angesehen werden. Das bedeutet, dass derartige Netzwerke in der Lage sind jegliche stetige

Funktion innerhalb einer gewissen Genauigkeit nachzubilden, solange die Neuronenanzahl stetig erhöht wird [68].

Um das nichtlineare Verhalten einer Funktion zu approximieren werden in einem Trainingsprozess die Netzwerkgewichte w_i und w_{ij} iterativ adaptiert. Mit dem Levenberg-Marquardt Algorithmus [118] soll an dieser Stelle eine der bekanntesten Methoden für das Modelltraining genannt werden [123]. Einen Überblick bezüglich weiterer Trainingsmethoden für MLP liefert [20].

Der Levenberg-Marquardt Algortihmus ist eine numerische Optimierungsmethode und eine Erweiterung des Gauss-Newton Algortithmus. Das Modelltraining erfordert den Gradienten eines Gütekriterums (siehe Tab. A.1) in Abhängigkeit der Gewichtungsparameter. Die Anpassung der Modellgewichte $\theta=[w_0 w_1, ..., w_M w_{10} w_{11},$ $..., w_{Mp}]^T$ erfolgt iterativ nach Gl. 2.12 mit einer Schrittweite $\eta > 0$.

$$\underline{\theta}_k = \underline{\theta}_{k-1} - \eta_{k-1} \left(J_{k-1}^T J_{k-1} + \alpha_{k-1} I \right)^{-1} J_{k-1}^T f_{k-1} \qquad \text{Gl. 2.12}$$

Hierin ist J die Jakobi-Matrix der Funktion f. Das Produkt der Jacobi-Matrix mit deren transponierten J^T stellt eine Approximation der Hesse-Matrix $J^T J \approx H$ dar. Der Term, bestehend aus der Einheitsmatrix I und dem Parameter $\alpha \geq 0$, bildet eine Diagonalmatrix. Im Falle von $\alpha = 0$ resultiert aus Gl. 2.12 der Gauss-Newton Algorithmus. Demgegenüber reduziert sich Gl. 2.12 bei $\alpha \geq 0$ zu einem Gradientenschrittverfahren. Durch die stufenlose Anpassung von α hat das Levenberg-Marquardt Verfahren bei einer schlecht konditionierten oder singulären Hesse-Matrix H erhebliche Vorteile gegenüber einem reinem Gauss-Newton-Verfahren. Die stufenlose Anpassung von α erfolgt während des Modelltrainings. Nach dessen Initialisierung mit einem positiven Wert wird dieser sukzessive reduziert, solange dies eine positive Auswirkung auf die Ergebnisgüte hat und somit das Gauss-Newton Verfahren optimal arbeitet. Mit einer Verschlechterung der Gütefunktion[11] wird α erhöht, bis diese durch das Gradientenschrittverfahren wieder einen negativen Gradienten aufweist.

---

[11]Das bedeutet es kommt zu einer Zunahme der Werte, beispielsweise des Mean Squared Errors. Tabelle A.1 im Anhang dieser Arbeit gibt eine Aufstellung zur Bestimmung des Mean Squared Errors und weiterer Gütekriterien.

2.3.3 Multikriterielle Parameteroptimierung

Eine Vielzahl technischer als auch nichttechnischer Fragestellungen auf dieser Welt lassen sich nicht über eine einzige Zielgröße beschreiben. Stets liegen für eine Problemstellung mehrere Entscheidungskriterien vor, welche aufgrund von konkurrierenden Eigenschaften nicht gleichzeitig verbessert werden können. Oftmals gibt es lediglich eine Menge von Kompromisslösungen[12], aus der ein Entscheidungsträger wählen kann. Das Forschungsgebiet der multikriteriellen Optimierung beschäftigt sich mit der Lösung ebendieser Fragestellungen.

Im mathematischen Kontext wird ein multikriterielles Optimierungsproblem[13] (MOOP) durch eine finite Anzahl m von Zielfunktionen beschrieben. Jede Zielfunktion $y = f(x)$ enthält eine Zielgröße, welche gleich gewichtet in Abhängigkeit eines Gütekriteriums zu optimieren (minimieren) ist. Ein multikriterielles Entscheidungsproblem lässt sich formal in folgender Form wiedergeben [38]:

$$F(x) = min \left[f_1(x), f_2(x), ..., f_n(x) | x \in X \right] \qquad \text{Gl. 2.13}$$

Der Faktorraum X repräsentiert die Gesamtmenge von n Faktorvektoren. Diese beinhalten Parameter, welche innerhalb definierter Randbedingungen zur Lösung des Optimierungsproblems variiert werden:

$$X = [x_1, x_2, ..., x_n]^T \quad \text{mit} \quad x_i^{min} \leq x_i \leq x_i^{max}, \quad i = 1, 2, ..., n \qquad \text{Gl. 2.14}$$

Jeder Satz möglicher Kombinationen im Faktorraum X repräsentiert eine Zielgröße im Lösungsraum Y, welche durch

$$Y = [y_1, y_2, ..., y_n]^T \qquad \text{Gl. 2.15}$$

beschrieben wird. Abbildung 2.8 illustriert die Zuordnung der Kombinationen im Faktorraum zur Zielgrößenmenge im Lösungsraum. Der Entscheidungsvektor $\vec{X} = (X_1, X_2, X_3)$ im dreidimensionalen Faktorraum liefert den zugehörigen Lösungsvektor $\vec{Y} = (Y_1, Y_2, Y_3)$ im zweidimensionalen Raum. Der Zielfunktionsvektor $\vec{F}(x) = (f_1(x), f_2(x))$ fasst das zweidimensionale MOOP zusammen. Die Minimierung des Verktors F liefert jedoch im Allgemeinen keine eindeutige Lösung,

---

[12]Beispielhaft sei an dieser Stelle der Partikel-Stickoxid-Zielkonflikt einer dieselmotorischen Verbrennungskraftmaschine genannt. Eine Verbesserung der einen Zielgröße führt zu einer Verschlechterung der anderen.

[13]Engl.: Multi-Objective Optimization Problem.

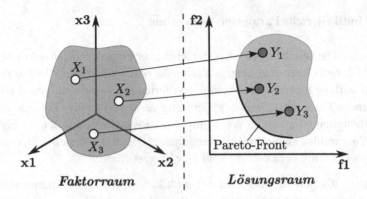

Abbildung 2.8: Definition eines multikriteriellen Optimierungsproblems

sondern bietet dem Entscheidungsträger eine endliche Menge von optimalen Lösungen. Die optimale Lösungsmenge von konkurrierenden Zielgrößen wird als Pareto-Front[14] bezeichnet. Liegt eine Lösung auf dieser Front, so ist diese pareto-optimal, da eine weitere Verbesserung einer Eigenschaft stets mit einer Verschlechterung einer anderen einhergeht. Hinsichtlich der Beschreibung des Lösungsraumes ergeben sich formal die nachfolgenden Definitionen [112]:

Pareto-Dominanz: Dominanz eines Vektors $\vec{u} = (u_1, u_2, ..., u_n)$ gegenüber einem Vektor $\vec{v} = (v_1, v_2, ..., v_n)$ liegt vor, wenn $\vec{u}$ partiell echt kleiner als $\vec{v}$ ist. Dann gilt:

$$\forall i \in \{1, ..., n\} : u_i \leqslant v_i \wedge \exists i \in \{1, ..., n\} : u_i < v_i \qquad \text{Gl. 2.16}$$

Schwache Dominanz von $\vec{u}$ gegenüber dem Vektor $\vec{v}$ liegt vor, wenn lediglich gilt:

$$\forall i \in \{1, ..., n\} : u_i \leqslant v_i \qquad \text{Gl. 2.17}$$

Pareto-Optimalität: Als pareto-optimal (effizient) wird eine Lösung $\vec{x}$ bezeichnet, solange es keine Lösung $\vec{x}'$ gibt, wodurch ein Vektor $\vec{v} = F(\vec{x}') = (f_1(\vec{x}'), ..., f_n(\vec{x}'))$ den Vektor $\vec{u} = F(\vec{x}) = (f_1(\vec{x}), ..., f_n(\vec{x}))$ dominiert.

Menge pareto-optimaler Lösungen (Pareto-Set): Die Menge aller effizienten Lösungen $P*$ in $F(\vec{x})$ ist definiert als:

$$P* := \{\vec{x} \in X \,|\, \neg \exists \vec{x}' \in X : F(\vec{x}') \prec F(\vec{x})\}$$

---

[14]Nach Vilfredo Federico Pareto – Italienischer Ökonom und Soziologe.

Pareto-optimale Lösungen befinden sich hierbei im Faktorraum. Die daraus resultierende Abbildung in den Lösungsraum wird als Pareto-Front bezeichnet.

Pareto-Front: Die Pareto-Front $PF*$ ist in Abhängigkeit der pareto-optimalen Lösungsmenge $P*$ folgend definiert:

$$PF* := \{\vec{u} = F(\vec{x}) = [f_1(\vec{x}), ..., f_n(\vec{x})] | \vec{x} \in P*\}$$

Für m Zielfunktionen ergibt sich für die Pareto-Front eine beschränkte Hyperfläche der Dimension m-1. Im Zweidimensionalen bildet diese eine beschränkte Kurve.

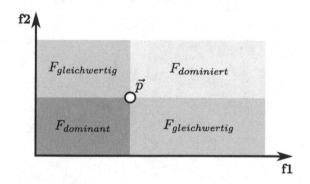

Abbildung 2.9: Pareto-Dominanz für ein zweidimensionales MOOP hinsichtlich des Punktes $\vec{p}$ (nach [112])

Das Prinzip der Pareto-Dominanz und der genannten Definitionen ist in Abbildung 2.9 beispielhaft für ein zweidimensionales MOOP zusammenfassend dargestellt. Alle Vektoren $\vec{f} \in F_{dominiert}$ werden von $\vec{p}$ dominiert. Somit ist die Lösung $\vec{x}_p$ aus $\vec{p}$ pareto-optimal hinsichtlich aller Lösungen $\vec{x}_{dominiert}$ aus $F_{dominiert}$. Demgegenüber wird $\vec{p}$ von allen Vektoren $\vec{f} \in F_{dominant}$ dominiert. Alle Lösungen $\vec{x}_{dominant}$ aus $F_{dominant}$ werden somit als pareto-optimal hinsichtlich der Lösung $\vec{p}$ bezeichnet. Alle Vektoren $\vec{f} \in F_{gleichwertig}$ sind bezüglich der Lösungsgüte gleichwertig zu $\vec{p}$, wodurch in diesem Fall keine Aussagen zur Pareto-Dominanz möglich sind.

Wie aus der Literaturübersicht hervorgeht, werden vorrangig evolutionäre Algorithmen zur Ermittlung der Pareto-Front eingesetzt. Beispielhaft seien an dieser Stelle vertretend die Ansätze MOEA [5], NSGA-II [35], SPEA2 [208], PAES [90] und CMA-ES [63] genannt.

3 Grundlagen und Methoden

Die Ausführungen in den nachfolgenden Kapiteln dieser Arbeit, insbesondere hinsichtlich der umgesetzten Methodik und im Rahmen der Ergebnisdiskussion, erfordern ein grundlegendes Verständnis auf den Gebieten des selbstverstärkten Lernens und der Fahrsimulation. Das vorliegende Kapitel dient zur Vermittlung der hierfür notwendigen theoretischen Grundlagen.

3.1 Das maschinelle Lernen

Das maschinelle Lernen (engl. Machine Learning - ML) ist eine Technik, welche es Computern ermöglicht, auf Basis vorhandener Datensätze selbstständig Muster und Gesetzmäßigkeiten zu erkennen und darauf basierende Lösungsmöglichkeiten zu entwickeln. Als Vorbild hierfür dient häufig das kognitive Lernen von Menschen und Tieren [39]. Die fundamentalen Grundlagen der künstlichen Intelligenz wurden bereits in den dreißiger Jahren des 20. Jahrhunderts, u. a. von Kurt Gödel [54] und Alan Turing [187], gelegt. Offiziell wurde der Begriff „künstliche Intelligenz" (engl. Artificial Intelligence) im Jahre 1956 von John McCarthy auf der Artificial Intelligence (AI) Konferenz in Dartmouth eingeführt [101]. Seit der Renaissance der neuronalen Netze im Jahre 1986 [148] und der gesteigerten Rechenleistungen nimmt das Anwendungsspektrum von KI stetig zu und erstreckt sich über diverse Forschungsbereiche, wie z. B. Medizin, Robotik und das autonome Fahren [39]. Je nach Datengrundlage und Lernziel, lassen sich ML-Algorithmen in die in Abbildung 3.1 skizzierten Methoden weiter untergliedern.

Das überwachte Lernen (engl. Supervised Learning) erlernt selbstständig Funktionszusammenhänge aufgrund der Analyse von Eingangsdaten mit den zugehörigen Zielgrößen [20]. Anwendung findet das überwachte Lernen in Klassifizierungs- und Regressionsproblemen. Die Unterscheidung erfolgt über die Eigenschaft der Zielgröße. Klassifizierungsproblemstellungen werden durch einen diskreten Ausgangsvektor charakterisiert und ermöglichen dadurch die Zuordnung definierter

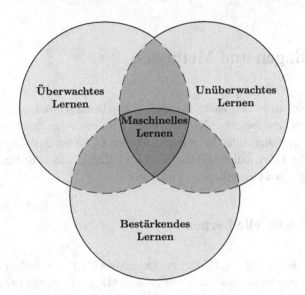

Abbildung 3.1: Methodiken des maschinellen Lernens

Kategorien. Einsatz findet diese Technik beispielsweise zur Erkennung von handgeschriebenen Zahlen oder Objekterkennung auf Bildern. Dementsprechend resultiert ein Regressionsproblem aus einem kontinuierlichen Ausgangsvektor. Dies ermöglicht beispielsweise die Vorhersage einer numerischen Größe, wie Druck oder Temperatur. Diese Technik wird ebenfalls in der vorgestellten Methodik zur Meta-Modellbildung angewendet (Kapitel 2.3) und dort ausführlich diskutiert.

Das unüberwachte Lernen (engl. Unsupervised Learning) ist eine Methode, welche Muster in Abhängigkeit von Trainingsdaten ohne zugehörige Zielgrößen erkennt [20]. Diese Technik ermöglicht es, in Datensätzen effektiv Daten mit ähnlichen Eigenschaften zu finden und zu kategorisieren (Clustering). Des Weiteren ermöglicht das unüberwachte Lernen hochdimensionale Datensätze in zwei- oder dreidimensionale Räume zu projizieren[15], woraus leichtere Handhabungs- und Visualisierungsmöglichkeiten resultieren.

Das bestärkende Lernen (engl. Reinforcement Learning) bildet die Grundlage des in Kapitel 4 vorgestellten Optimierungsalgorithmus und soll im Folgenden im Detail diskutiert werden.

---

[15] Als bekannte Vertreter können beispielsweise die Principal Component Analyse (PCA) [37] oder das t-distributed Stochastic Neighbor Embedding (t-SNE) [105] genannt werden.

3.1.1 Reinforcement Learning

Das Reinforcement Learning (RL) ist eine fundamentale Wissenschaft, die sich konkret mit der Entscheidungsfindung beschäftigt und im multidisziplinären Forschungsspektrum steht. Zu den Fachbereichen zählen unter anderem Mathematik, Ingenieurswissenschaften, Psychologie und Neurowissenschaften. Im Vergleich zu den bisher genannten ML-Techniken weist das RL wesentliche Unterschiede auf. So wird das Verhaltensmuster nicht auf Grundlage von Zielgrößen in Abhängigkeit zugehöriger Eingangsgrößen erlernt (vgl. Supervised Learning), sondern erfolgt selbstständig mit einem Belohnungssignal (Reward) nach dem „Trial and Error"-Prinzip. Des Weiteren spielen Zeit bzw. Zeitschritte eine wesentliche Rolle, da es sich um einen sequenziellen Lernprozess handelt und somit die jeweilige Handlung des RL-Modells vom aktuellen Zeitpunkt abhängt. Aufgrund des aktiven Trainingsprozesses beeinflusst, neben dem zeitlichen Aspekt, die Handlung des Algorithmus maßgeblich, welche Trainingsdaten im Folgenden generiert werden. Die Einsatzmöglichkeiten des bestärkenden Lernens sind vielfältig: Darunter zählt beispielsweise das Spielen auf oder über Welteliteniveau von Brettspielen wie Backgammon [178, 179, 180, 181], die Regelung von Stuntmanövern eines Helikopters [126, 1], das selbstständige Erlernen des aufrechten Ganges eines zweibeinigen Roboters [99], das Spielen einiger Atari-Spiele auf übermenschlichem Niveau [116, 117, 160] oder das Management von Investmentportfolios [52]. Große mediale Aufmerksamkeit erlangte das RL-Programm AlphaGo von DeepMind im Jahre 2016 durch Besiegen des weltbesten GO-Spielers [160, 167, 168, 169].

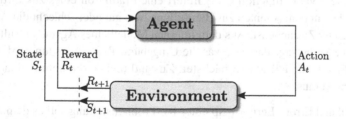

Abbildung 3.2: Die Agent-Umgebungs-Beziehung im Kontext des bestärkenden Lernens (nach [175])

Die wesentlichen Elemente eines RL-Problems zeigt Abbildung 3.2. Darin interagiert ein Agent im geschlossenen Kreis mit seiner Umgebung (engl. Environment) in einer sequenziellen Abfolge diskreter Zeitschritte $t = 0, 1, 2, \dots$. Zu jedem Zeitschritt führt der Agent eine Aktion A_t (Action) aus. Die Entscheidung für A_t beruht auf Grundlage des aktuellen Zustandes S_t (State) und dem Belohnungssignal R_t (Reward). Dementsprechend wird A_t von der Umgebung verarbeitet, woraus wiederum State S_{t+1} und Reward R_{t+1} für den nächsten Zeitschritt resultieren [175]. Der Reward R_t ist ein skalares Signal und beurteilt die Qualität der Action eines Agenten. Da eine Action die Umgebung nicht nur unmittelbar, sondern auch vor einem längeren Zukunftshorizont beeinflussen kann, ist das Ziel eines RL-Agenten Handlungen so zu wählen, dass ein zukünftiger kumulativer Reward maximiert wird [170].

Der State S_t in einem RL-Problem erfährt zudem eine Differenzierung hinsichtlich der internen Zustände der Umgebung S_t^e und des Agenten S_t^a. In diesem Zusammenhang kann die Umgebung für den Agenten vollkommen (fully observable) oder partiell observierbar (partially observable) sein. Hat der Agent vollkommenen Einblick in den State-Space der Umgebung, so gilt $S_t^a = S_t^e$ und das RL-Problem wird formell als Markov-Entscheidungsprozess (Kapitel 3.1.2) bezeichnet. Gilt allerdings $S_t^a \neq S_t^e$, so wird das Problem als partiell observierbarer Markov-Entscheidungsprozess bezeichnet und der Agent muss die Zustandsdarstellung selbstständig im Laufe des Trainings rekonstruieren [170].

Strategie (Policy), Wertefunktion (Value function) und Modell (Model) sind wesentliche Elemente im Kontext des RL, von denen ein RL-Agent eine oder mehrere beinhaltet. Die Policy π gibt das interne Handlungsverhalten des Agenten in Abhängigkeit eines States wieder. Die Handlung kann nach einer deterministischen, dann gilt $a = \pi(s)$, oder einer stochastischen Policy, mit $\pi(a|s) = \mathbb{P}[A_t = a|S_t = s]$, erfolgen. Die Value function $v_\pi(s)$ liefert eine Prädiktion eines zukünftigen Rewards und dient dem Agenten zur Beurteilung, wie gut oder schlecht die Annahme nachfolgender Zustände ist. Aus dem internen Modell eines Agenten resultiert wiederum eine Vorhersage darüber, was die Umgebung als nächstes tun wird. Konkret sagt in diesem Modell $\mathcal{P}$ den nächsten Zustand und $\mathcal{R}$ die unmittelbar nächste Belohnung voraus.

Das „Trial and Error"-Lernprinzip einer RL-Problemstellung soll es dem Agenten ermöglichen, intelligente Handlungsstrategien zu entwickeln. Da die Gesetzmäßigkeiten einer Umgebung dem Agenten allerdings nicht immer bekannt sind, muss dieser eine solche Strategie auf Grundlage von Erfahrungen durch Interaktion mit seinem Umfeld konstruktiv herausarbeiten. An dieser Stelle steht der Agent allerdings vor einem Interessenskonflikt, da er, wie bereits erläutert, neben der Erfahrungsgenerierung stets das Ziel hat eine hohe kumulative Belohnung zu generieren. Der Lernprozess beruht auf den sogenannten Prinzipien der Exploration und der Exploitation. Eine explorative Strategie sieht vor, neue und unbekannte Information über die Umgebung zu erhalten. Demgegenüber wird eine Exploitation-Strategie bereits bekannte Information der Umgebung nutzen um einen möglichst hohen Reward zu erzielen. Für das bestmögliche Lernergebnis muss das Verhältnis dieser beiden Strategien intelligent gewählt werden. Zu viel Exploration führt zu keinen zielführenden Handlungen, auf der anderen Seite kann zu viel Exploitation in lediglich lokal optimalen Handlungen resultieren. Nach dieser Einführung, hinsichtlich der Bestandteile des Reinforcement Learnings, sollen im nächsten Kapitel die theoretischen Grundlagen dieser Wissenschaft diskutiert werden.

3.1.2 Finite Markov-Entscheidungsprozesse

Ein Markov-Entscheidungsprozess[16] (engl. Markov Decision Process MDP) beschreibt die Umgebungseigenschaft eines RL-Problems. Formell wird ein MDP durch das Tupel $\mathcal{M} = \langle \mathcal{S}, \mathcal{A}, \mathcal{P}, \mathcal{R}, \gamma \rangle$ definiert [170]. Darin ist

$\mathcal{S}$: eine finite Menge von States,

$\mathcal{A}$: eine finite Menge von Actions,

$\mathcal{P}$: eine State-Transition-Wahrscheinlichkeitsmatrix
$\mathcal{P}^a_{ss'} = \mathbb{P}[S_{t+1} = s' | S_t = s, A_t = a]$,

$\mathcal{R}$: eine Reward-Funktion $\mathcal{R}^a_s = \mathbb{E}[R_{t+1} | S_t = s, A_t = a]$ und

γ: ein Discount-Faktor $\gamma \in [0,1]$.

Aufgrund der finiten Anzahl der Elemente von $\mathcal{S}$, $\mathcal{A}$ und $\mathcal{R}$ ist ein MDP ebenfalls finit [175]. Des Weiteren wird ein MDP als solcher bezeichnet, wenn alle Zustände der Umgebung die Markov-Eigenschaft aufweisen. Ein State S_t ist dann als Markov zu bezeichnen, wenn gilt:

$$\mathbb{P}[S_{t+1} | S_t] = \mathbb{P}[S_{t+1} | S_1, S_2, ... S_t] \qquad \text{Gl. 3.1}$$

Dies bedeutet, dass der aktuelle Zustand alle relevanten Informationen der Vergangenheit beinhaltet und dadurch die Übergangswahrscheinlichkeit in den nächsten Zustand nur vom unmittelbar vorausgehenden abhängt.

---

[16]Basierend auf Arbeiten des russischen Mathematikers Andrei Andrejewitsch Markow (∗14. Juni 1856; +20. Juli 1922).

Das Verhalten eines Agenten in einem MDP wird vollkommen durch die Policy π bestimmt. Diese definiert die Wahrscheinlichkeit einer bestimmten Entscheidung in Abhängigkeit eines gegebenen States:

$$\pi(a|s) = \mathbb{P}[A_t = a|S_t = s] \qquad \text{Gl. 3.2}$$

Es handelt sich somit nach Gl. 3.2 um einen stochastischen Entscheidungsprozess. Des Weiteren ist π zur Erfüllung der Markov-Eigenschaft zeitunabhängig und einzig vom aktuellen Zustand abhängig. Die vorangegangene Historie spielt keine Rolle.

Das Ziel eines Agenten soll es sein, über den Verlauf einer langen Historie hinweg, den größtmöglichen kumulativen Reward zu erzielen. Die Sequenz $R_{t+1}, R_{t+2}, \ldots$ nach jedem Zeitschritt t beschreibt die Rewardhistorie. Damit ein Agent diese Zieldefinition erfüllen kann, muss er Kenntnis darüber haben, wie sich eine Handlung im aktuellen Zustand auf einen zukünftigen Reward auswirkt und diesen maximieren. Im mathematischen Kontext muss somit der erwartete Ertrag (engl. expected Return) maximiert werden. Der Ertrag G_t ist eine Funktion der Rewardsequenz und zusammen mit dem Discount-Faktor γ wird dieser, ausgehend vom Zeitschritt t, definiert durch:

$$G_t = R_{t+1} + \gamma R_{t+2} + \gamma^2 R_{t+3} + \ldots = R_{t+1} + \gamma G_{t+1} = \sum_{k=0}^{\infty} \gamma^k R_{t+k+1} \qquad \text{Gl. 3.3}$$

Der Discount-Faktor bestimmt darin den gegenwärtigen Wert eines zukünftigen Rewards und beeinflusst maßgeblich die Handlungsweise eines Agenten. Bei $\gamma = 0$ wird sich ein Agent stets darauf konzentrieren Handlungen zu wählen, welche den unmittelbaren Reward R_{t+1} maximieren. Geht der Wert von γ gegen 1, so wird der Agent „weitsichtiger" und nimmt zukünftige Rewards stärker in den Fokus. Solange $\gamma < 1$ und die Rewardsequenz endlich ist, besitzt die ∞-Summe in Gl. 3.3 einen finiten Wert und erfüllt dadurch die genannte Gültigkeitsbedingung für einen MDP. Zur Beurteilung, wie sinnvoll es ist einer bestimmten Policy zu folgen, wird das Konzept der Wertefunktion angewendet. In einem MDP erfolgt diese Evaluierung durch die sog. state-value function v_π und action-value function q_π. v_π ist einzig von einem State s abhängig und ermöglicht, beginnend von diesem Zustand aus, eine Prädiktion des erwartbaren Returns:

$$v_\pi(s) = \mathbb{E}_\pi[G_t|S_t = s] \qquad \text{Gl. 3.4}$$

Ein Agent erhält somit eine Information darüber, wie gut es ist, sich mit einer Policy π im State s zu befinden.

$$q_\pi(s,a) = \mathbb{E}_\pi\left[G_t \mid S_t = s, A_t = a\right] \qquad \text{Gl. 3.5}$$

Ein weiterer wertvoller Informationsgewinn wird durch q_π in Gl. 3.5 erzielt. Diese liefert, beginnend von S_t, den erwartbaren Return G_t in Abhängigkeit einer Handlung A_t, wenn einer gegebenen Policy π gefolgt wird.

Eine fundamentale Eigenschaft der Wertefunktionen im bestärkenden Lernen ist die rekursive Konsistenzbeziehung zwischen s und allen folgenden States [175]. Diese Eigenschaft ist ebenfalls gültig für den erwartbaren Return. Damit lässt sich v_π zusammen mit Gl. 3.3 anteilig in den unmittelbaren Reward und v_π des Folgezustandes zerlegen:

$$v_\pi(s) = \mathbb{E}_\pi\left[R_{t+1} + \gamma v_\pi(S_{t+1}) \mid S_t = s\right] \qquad \text{Gl. 3.6}$$

Die Interpretation lautet, dass beginnend von einem beliebigen State s_t der Schritt nach s_{t+1} einen unmittelbaren Reward erzielt. Von dort aus lässt sich wiederum der Wert durch eine weitere Wertefunktion berechnen. Die Summe daraus liefert letztendlich wieder eine Aussage darüber, wie gut es war in s gewesen zu sein. Selbiges gilt für q_π:

$$q_\pi(s,a) = \mathbb{E}_\pi\left[R_{t+1} + \gamma q_\pi(S_{t+1}, A_{t+1}) \mid S_t = s, A_t = a\right] \qquad \text{Gl. 3.7}$$

Das rekursive Verhalten eines MDP lässt sich durch sog. Backup-Diagramme schematisch illustrieren. Die obere Darstellung in Abbildung 3.3 stellt zunächst den Zusammenhang zwischen v_π und q_π dar. Ausgehend von s existiert eine finite Anzahl von Actions a. Mit welcher Wahrscheinlichkeit eine der möglichen Actions gewählt wird, ist durch die Policy π festgelegt. q_π sagt wiederum wie zielführend die jeweilige Action ist. Das Ergebnis von v_π in s ist der Mittelwert über alle weiteren Möglichkeiten, gewichtet um dessen Auftrittswahrscheinlichkeiten. Die Bestimmung von q_π erfolgt äquivalent dazu (Abbildung 3.3 oben rechts). Nach einer Handlung a erfolgt der Schritt in den nächsten State s'. In Abhängigkeit der Umgebungsdynamik folgt die Annahme eines gewissen s' ebenfalls einer bestimmten Wahrscheinlichkeit. Diese Dynamik ist in einem MDP durch die State-Transition-Wahrscheinlichkeitsmatrix $\mathcal{P}_{ss'}^a$ definiert. Somit bildet sich auch hier das Ergebnis von q_π aus dem Mittelwert des Folgeverhaltens.

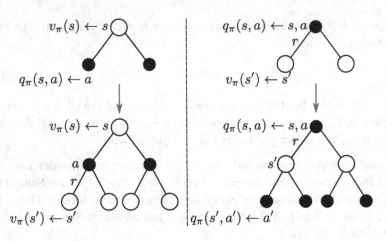

Abbildung 3.3: Backup-Diagramme für v_π (links) und q_π (rechts). $\bigcirc \,\hat{=}\,$ State s; $\bullet\,\hat{=}\,$ Action a (nach [175])

Werden die Formalismen von v_π und q_π kombiniert, so entsteht ein zweischrittiger Vorausschau-Prozess (Abb. 3.3 unten). Die mathematische Definition, ausgehend von v_π und q_π, lautet dann wie folgt:

$$v_\pi(s) = \sum_{a \in \mathcal{A}} \pi(a|s) \left(\mathcal{R}_s^a + \gamma \sum_{s' \in S} \mathcal{P}_{ss'}^a v_\pi(s') \right) \qquad \text{Gl. 3.8}$$

$$q_\pi(s,a) = \mathcal{R}_s^a + \gamma \sum_{s' \in S} \mathcal{P}_{ss'}^a \sum_{a' \in \mathcal{A}} \pi(a'|s') q_\pi(s',a') \qquad \text{Gl. 3.9}$$

Die rekursiven Gleichungen 3.8 und 3.9 werden als Bellman Expectation Equations[17] bezeichnet und sind relevant für die Lösung eines MDP.

Des Weiteren wird eine optimale Wertefunktion benötigt. Aus dieser resultieren die bestmöglichen Handlungsentscheidungen eines Agenten innerhalb einer Umgebung. Eine Problemstellung im Kontext des RL ist somit prinzipiell gelöst, sobald diese gefunden wurde. Vor diesem Hintergrund resultiert die optimale State-Value-Funktion v_* aus dem Maximum von v_π über alle Policies eines MDP:

$$v_*(s) = \max_\pi v_\pi(s) \qquad \text{Gl. 3.10}$$

---

[17]Nach dem amerikanischen Mathematiker Richard Ernest Bellman (⋆29. August 1920; †19. März 1984).

Der Wert v_π ist der größtmögliche Ertrag eines MDP ausgehend von s. Hieraus lässt sich simultan die Definition der optimalen Action-Value-Funktion q_* herleiten:

$$q_*(s,a) = \max_\pi q_\pi(s,a) \qquad\qquad \text{Gl. 3.11}$$

Aus der optimalen Action-Value-Funktion resultiert der größtmögliche Reward der mit einer Action in s erzielt werden kann. Gl. 3.10 und Gl. 3.11 liefern weiterhin Bedingungen für eine optimale Policy. Eine optimale Policy π_* ist als solche zu bezeichnen, wenn diese vergleichbar gut oder besser als alle weiteren Policies ist:

$$\pi_* \geq \pi, \ \forall \pi \qquad\qquad \text{Gl. 3.12}$$

Eine Bezeichnung gilt für eine Strategie dann, wenn der Wert der State-Value-Funktion über alle States einer Policy π gleich oder größer einer anderen Policy π' ist:

$$\pi \geq \pi' \ \text{wenn gilt}: \ v_\pi(s) \geq v_{\pi'}(s), \ \forall s \qquad\qquad \text{Gl. 3.13}$$

Dabei gilt für alle MDPs, dass mindestens eine optimale Strategie existieren muss [176]. Weiterhin resultieren alle optimalen Policies in optimalen Value-Funktionen:

$$v_{\pi_*}(s) = v_*(s) \qquad\qquad \text{Gl. 3.14}$$

$$q_{\pi_*}(s,a) = q_*(s,a) \qquad\qquad \text{Gl. 3.15}$$

Die Ermittlung von π_* erfolgt durch Maximalwertbildung über die Action-Value-Funktion:

$$\pi_*(s,a) = \begin{cases} 1 \ \text{wenn gilt } a = \arg\max\limits_{a \in \mathcal{A}} q_*(s,a) \\ 0 \ \text{ansonsten} \end{cases} \qquad\qquad \text{Gl. 3.16}$$

Das bedeutet, die optimale Policy ist gefunden, sobald $q_*(s,a)$ bekannt ist.

Eine Anpassung der Bellman Expectation Equations (Gl. 3.8 und Gl. 3.9) ermöglicht die Bestimmung von π_* und somit die Lösung des MDP. Da das rekursive Verhalten ebenfalls für die optimalen Wertefunktionen Bestand hat, lassen sich zusammen mit Gl. 3.10 und Gl. 3.11 die Bellman Expectation Equations formulieren:

$$v_*(s) = \max_a \mathcal{R}_s^a + \gamma \sum_{s' \in S} \mathcal{P}_{ss'}^a v_*\left(s'\right) \qquad\qquad \text{Gl. 3.17}$$

$$q_*(s,a) = \mathcal{R}_s^a + \gamma \sum_{s' \in S} \mathcal{P}_{ss'}^a \max_{a'} q_*(s',a') \qquad\qquad \text{Gl. 3.18}$$

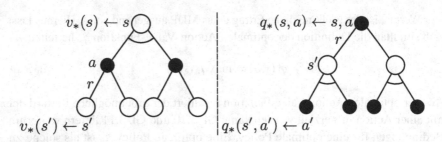

Abbildung 3.4: Backup-Diagramme für v_* (links) und q_* (rechts). $\bigcirc \,\widehat{=}$ State s; $\bullet\,\widehat{=}$ Action a (nach [170])

Aus den resultierenden Backup-Diagrammen (Abbildung 3.4) wird auch an dieser Stelle der Zusammenhang zwischen v_* und q_* ersichtlich. Diese Art der Bellman-Gleichungen werden als Bellman Optimality Equations bezeichnet. Das Optimalitätsverhalten bildet sich aus Maximalwertbildungen an Positionen, an denen der Agent Einfluss auf den MDP hat. Vergleichend hierzu wird zuvor eine Mittelwertbildung in Abhängigkeit der Auftrittswahrscheinlichkeit der Folgezustände gebildet. Die Mittelwertberechnung behält in Bellman Optimality Equations lediglich für $\mathcal{P}_{ss'}^{a}$ Bestand. Konkret bedeutet dies, wenn der Wechsel $s \mapsto s'$ einzig vom stochastischen Verhalten der Umgebung und nicht von einer Handlung des Agenten abhängig ist. Die Bellman Expectation Equation ist allerdings aufgrund der Maximalfunktion nichtlinear und algebraisch nicht direkt lösbar. Es haben sich daher numerische Methoden wie z. B. dynamische Programmierung (Value Iteration, Policy Iteration), Q-Learning und SARSA etabliert. Das Q-Learning bildet den Hauptbestandteil des folgenden Kapitels. Für eine ausführliche Erläuterung der weiteren numerischen Methoden wird auf [175] verwiesen.

3.1.3 Model-Free Control und Q-Learning

Nach der Heranführung der theoretischen Aspekte eines Markov Decision Processes widmet sich dieses Kapitel der Lösung dieser und bildet die Grundlage für die praktische Anwendung des bestärkenden Lernens. Abbildung 3.5 liefert eine Zusammenstellung von Methoden, mit denen an eine MDP-Problemstellung herangegangen werden kann. Zunächst sollen die Ansätze Model-Based und Model-Free betrachtet werden. In modellbasierten Methoden ist der MDP bekannt und ein Agent ist in der Lage dieses Wissen zu nutzen. Die State-Transition-Wahrscheinlichkeitsmatrix

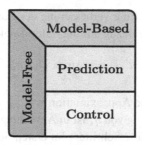

Abbildung 3.5: Ansätze zur Lösung von Reinforcement Learning Problemen (basierend auf [170, 176])

$\mathcal{P}$ der Umgebung und die zugehörigen Rewards $\mathcal{R}$ bilden die Grundlage dieses Wissens. Das Dynamic Programming zählt zu dieser Kategorie und findet Einsatz in Planungsaufgaben, z. B. optimale Trajektoriefindung [50] oder Strategieentwicklung [143].

Demgegenüber stehen modellfreie Ansätze, in welchen der MDP nicht bekannt ist und somit kein Wissen über die Umgebungsdynamik genutzt werden kann. In diesen Ansätzen lernt der Agent durch Interaktion mit der Umgebung diese kennen. Aufgrund dieser Erfahrungen generiert sich der Agent selbstständig das benötigte Wissen über den MDP. Sowohl modellbasierte als auch modellfreie Methoden können jeweils für *Prediction* und *Control* angewandt werden. Prediction dient in einem MDP zur Bestimmung von v_π bei einer gegebenen Policy π. Control dient zur Ermittlung des optimalen Verhaltens eines Agenten. Es wird somit die optimale Value-Funktion v_* und damit einhergehend die optimale Strategie π_* bestimmt.

Vor diesem Hintergrund lässt sich der benötigte Lösungsansatz für die Aufgabe der ECU-Parameteroptimierung auf Grundlage des Reinforcement Learnings ableiten. Die Umgebungsdynamik ist entweder unbekannt oder zu komplex, um daraus $\mathcal{P}$ abzuleiten. Innerhalb dieser Umgebung muss der Agent für die selbstständige Erzeugung optimaler Datensätze eine optimale Lösungsstrategie entwickeln. Infolgedessen ergibt sich ein Model-Free Control Ansatz.

Damit eine optimale Strategie erlernt werden kann, muss nach den Ausführungen im vorangegangenen Kapitel die Bellman Optimality Equation 3.18 gelöst werden. Da der MDP und somit $\mathcal{P}^a_{ss'}$ nicht bekannt sind, kann die Bestimmung von π_* nicht über die State-Value-Funktion[18] erfolgen. Die Action-Value-Funktion ist stattdessen

---

[18]Die Optimierung der Policy mit der State-Value-Funktion ist Bestandteil des Dynamic Programming.

auf kein Modell angewiesen. Eine Verbesserung der Handlungsstrategie wird durch
einen sog. Greedy-Ansatz in Bezug auf die Value-Funktion erzielt:

$$\pi'(s) = \arg\max_{a \in \mathcal{A}} Q(s,a) \qquad\qquad \text{Gl. 3.19}$$

Darin ist Q eine tabellarische Approximation von q_π im State-Action-Space. Der
iterative Prozess zur Ermittlung von q_* ist in Abbildung 3.6 skizziert. Eine Iteration
besteht aus einer Schleife mit 2 Schritten. Im ersten Schritt erfolgt die Bewertung
einer Policy π durch Bestimmung des erwarteten Rewards in Abhängigkeit von
s und a. Anschließend erfolgt ein Optimierungsschritt nach Gl. 3.19. Das Ziel
dieses alternierenden Prozesses aus Policy-Bewertung und -Optimierung ist die
asymptotische Annäherung an die optimale Action-Value-Funktion [175].

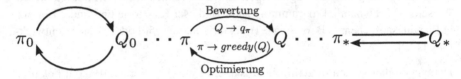

Abbildung 3.6: Policy Iteration mit der Action-Value Funktion (nach [175])

Eine Greedy-Policy kann allerdings dazu führen, dass ein Agent in Bereichen lokaler Optima verweilt. Diese Gefahr besteht, wenn der Agent kein ausreichend
vollständiges Wissen über den MDP besitzt und infolgedessen die bestmöglichen
Handlungen auf Grundlage dieser Kenntnis wählt. Diesem Problem kann begegnet
werden, indem der Agent durch eine angepasste Strategie zusätzlich zu explorativen
Handlungen gezwungen wird. Die ε-Greedy Exploration Strategie stellt eine Möglichkeit für kontinuierlich explorative Handlungen dar. Dieser Algorithmus wählt
mit der Wahrscheinlichkeit ε, ob eine Aktion *greedy* (Exploitation) hinsichtlich von
Q oder zufällig (Exploration) ausgeführt wird:

$$a = \begin{cases} \arg\max\limits_{a \in \mathcal{A}} Q(s,a) & \textit{mit d. Wahrscheinlichkeit } 1 - \varepsilon \\ \textit{Beliebige Wahl } a(s) & \textit{mit d. Wahrscheinlichkeit } \varepsilon \end{cases} \qquad \text{Gl. 3.20}$$

Der Policy-Iteration-Prozess wird mit einem Q-Learning Algorithmus nach [196]
durchgeführt. Dieser weist aufgrund des Off-Policy- und Temporal-Difference-
Ansatzes (TD) eine effektive Möglichkeit zur Bestimmung der Action-Value-
Funktion auf.

Der Lernvorgang nach dem Off-Policy-Prinzip erfolgt auf Basis zweier unabhängiger Policies. Darin wird die Zielpolicy π zur Ermittlung von $q_\pi(s,a)$ fortlaufend evaluiert, während eine Verhaltensstrategie $\mu(s,a)$ für die Handlungswahl verfolgt wird [170]. Diese Methodik ist dahingehend effektiv, da π das Verhalten von μ beobachtet, davon lernen und infolgedessen bessere Lösungsstrategien entwickeln kann. Daraus resultiert beispielsweise die Möglichkeit von anderen Agenten (wie z. B. Menschen) oder bereits bekannten Policies zu lernen. Vor dem Hintergrund des ausgeführten Exploration-Exploitation-Dilemmas in Reinforcement Learning kann durch die Anwendung des Off-Policy-Lernens eine optimale Strategie erlernt werden, während simultan ein exploratives Vorgehen verfolgt wird.

TD-Ansätze erlauben es, im Gegensatz zu Monte Carlo Methoden, Wertefunktion bereits vor dem Ende einer Lernepisode zu aktualisieren. Die ständige Erfahrungsaktualisierung kann nach jedem Zeitschritt erfolgen und wird als Bootstrapping bezeichnet [175]. Der Agent lernt somit *Online*, während er Erfahrung durch Interaktion mit der Umwelt sammelt. Dies kann insbesondere bei sehr langen Episoden von Vorteil sein, da in diesen eine Policy-Aktualisierung mit Monte Carlo Methoden mit einer großen Verzögerung einhergehen würde.

Um nun die Action-Value-Funktion $Q(s,a)$ Off-Policy und mit einem TD-Ansatz zu erlernen wird zunächst die nächste Aktion mit der Verhaltensstrategie $A_{t+1} \sim \mu(\cdot|S_t)$ gewählt. Zur Beurteilung der gewählten Handlung wird ebenfalls die Action von π mit $A' \sim \pi(\cdot|S_t)$ betrachtet. Die Aktualisierung von $Q(s,a)$ erfolgt dann folgendermaßen:

$$Q(S_t,A_t) \leftarrow Q(S_t,A_t) + \alpha \left[R_{t+1} + \gamma Q(S_{t+1},A') - Q(S_t,A_t) \right] \qquad \text{Gl. 3.21}$$

Der TD-Wert ergibt sich aus dem Klammerausdruck $[\cdots]$. Um diese temporäre Differenz wird Q mit der Lernrate α sukzessive aktualisiert. Durch Anwendung eines Greedy-Ansatzes (Gl. 3.19) auf π und eines explorativen Ansatzes (Gl. 3.20) auf μ, lässt sich aus Gl. 3.21 der Q-Learning Algorithmus ableiten:

$$Q(S_t,A_t) \leftarrow Q(S_t,A_t) + \alpha \left[R_{t+1} + \gamma \max_a Q(S_{t+1},a) - Q(S_t,A_t) \right] \qquad \text{Gl. 3.22}$$

Das Backup-Diagramm in Abbildung 3.7 zeigt die Abfolge des Aktualisierungsschemas von Q-Learning. Durch iterative Anpassungen in Richtung der Maximalfunktion soll ein konvergierendes Verhalten von $Q(s,a) \rightarrow q_*(s,a)$ erzielt werden. Des Weiteren beinhaltet der Q-Learning Algorithmus die Bellman Optimality Equation (Gl. 3.18) und stellt eine Lösungsmöglichkeit dieser dar.

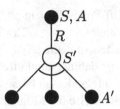

Abbildung 3.7: Backup-Diagramm des Q-Learning Control Algorithmus (nach [175])

Zusammenfassend wird nachfolgend der Policy-Iteration-Prozess des Q-Learning-Algorithmus in der Gesamtheit beschrieben:

Q-Learning Algorithmus für Off-Policy Control

Ziel: Bestimmung von $\pi \doteq \pi_*$
Initialisiere $Q(s,a) \forall s \in \mathcal{S}, a \in \mathcal{A}(s)$, zufällig.
Setze $Q(s_{final}, \cdot) = 0$
while Aktuelle Episode $\leq$ Finale Episode **do**
  Initialisiere S
  while Aktueller Zeitschritt $\leq$ Finaler Zeitschritt **do**
    Wähle A in Abh. von S durch Anwendung der von Q abgeleiteten Policy
    (z. B. ε-greedy);
    Führe die gewählte Action A aus und observiere R und S';
    $Q(S,A) \leftarrow Q(S,A) + \alpha [R + \gamma \max_a Q(S',a) - Q(S,A)]$;
    $S \leftarrow S'$;
  end while
end while

3.1.4 Approximation der Wertefunktion

Die bisherigen Erläuterungen der Wertefunktionen beruhen auf einer tabellarischen Darstellungsweise. Das bedeutet, jede State-Action Paarung erhält einen Eintrag in Q, woraus eine Tabelle der Größe $\mathcal{S} \times \mathcal{A}$ resultiert. Aufgrund der hohen Ausnutzung des Arbeitsspeichers ist dieses Vorgehen bei großen MDP mit kontinuierlichen Zustandsräumen allerdings nicht praktikabel. Des Weiteren ist das Erlernen sämtlicher Zustands-Wert-Paarungen zeitintensiv [170].

Ein Lösungsansatz hierfür ist die Verwendung eines Funktionsapproximators anstelle einer Kennfeldabbildung. Im Falle der State-Action-Wertefunktion resultiert daraus:

$$\hat{q}(s,a,w) \approx q_\pi(s,a)$$ Gl. 3.23

Der Wert von $\hat{q}$ ist neben dem State-Action-Paar zusätzlich eine Funktion des Gewichtungsvektors w. Dieser Vektor beinhaltet sämtliche Optimierungsparameter des gewählten Funktionsapproximators, welche durch den TD-Lernprozess fortlaufend adaptiert werden. Der Benefit, von überwachten in Kombination mit verstärkenden Methoden, resultiert aus der Möglichkeit der Prädiktion von Unbekannten auf Grundlage von Bekannten. Konkret bedeutet dies, dass nicht sämtliche Zustände eines MDP bekannt sein müssen, damit eine optimale Policy erlernt werden kann.

Eine Übersicht hinsichtlich der theoretischen Betrachtung wesentlicher Approximationsalgorithmen liefern die Beschreibungen zur Modellbildung in Kapitel 2.3. Daher soll an dieser Stelle die Integrationsmethodik derartiger Algorithmen diskutiert werden. Relevant für die Lösung eines RL ist die Verwendung eines differenzierbaren Funktionsapproximators [170].

Die Aktualisierung des Vektors w erfolgt numerisch durch das Gradientenverfahren. Darin wird der Gradient einer Funktion $J(w)$ durch partielle Ableitung über alle Einträge von w bestimmt:

$$\nabla_w J(w) = \begin{pmatrix} \frac{\partial J(w)}{\partial w_1} \\ \vdots \\ \frac{\partial J(w)}{\partial w_n} \end{pmatrix}$$ Gl. 3.24

Zur Bestimmung des lokalen Minimums der Funktion $J(w)$, werden die Parameter w und die Schrittweite α in Richtung des steilsten Funktionsabstiegs angepasst:

$$\nabla w = -\frac{1}{2}\nabla_w J(w)$$ Gl. 3.25

Zur Approximation der Action-Value-Funktion nach Gl. 3.23 wird dieses Verfahren zur Minimierung des MSE zwischen $\hat{q}(s,a,w)$ und $q_\pi(s,a)$ eingesetzt:

$$J(w) = \mathbb{E}_\pi\left[(q_\pi(S,A) - \hat{q}(S,A,w))^2\right]$$ Gl. 3.26

Daraus folgt, zur Ermittlung des lokalen Fehlerminimums durch das stochastische Gradientenverfahren [175], für w:

$$\Delta w = \alpha \left(q_\pi(S,A) - \hat{q}(S,A,w) \right) \nabla_w \hat{q}(S,A,w)$$ Gl. 3.27

Der Term um ∇_w gibt in Gl. 3.27 die Optimierungsrichtung vor. In der praktischen Anwendung existiert q_π allerdings nicht und es ist auch nicht in der Natur von RL, dass dies von einem Supervisor bereitgestellt wird. Damit Gl. 3.25 dennoch erfüllt werden kann, muss $q_\pi(S,A)$ ersetzt werden. Für TD-Methoden erfolgt dies durch Integration des Zielwertes nach einem Schritt:

$$\Delta w = \alpha (\underbrace{R_{t+1} + \gamma \hat{q}(S_{t+1},A_{t+1},w)}_{TD-Zielwert} - \hat{q}(S,A,w)) \nabla_w \hat{q}(S,A,w)$$ Gl. 3.28

Obwohl der TD-Zielwert vergleichend mit dem korrekten Wert aus $q_\pi(S,A)$ mit einem Bias versehen ist, liefert die Arbeit von [186] den Nachweis, dass TD-Methoden mit Approximation (nahe) gegen das globale Optimum konvergieren.

In der bisherigen Beschreibung erfolgt die Aktualisierung von $\hat{q}$ inkrementell nach jedem Schritt. Durch die Bereitstellung eines größeren Trainingsdatensatzes durch Experience Replay [116], kann der Trainingsprozess effektiver erfolgen. Dabei wird die Erfahrung des Agenten $e_t = (s_t, a_t, r_t, s_{t+1})$ nach jedem Zeitschritt in einem Datensatz gespeichert:

$$\mathcal{D} = \{e_1, ..., e_t\}$$ Gl. 3.29

Das Gradientenverfahren erfolgt nun mit einer zufälligen Teilmenge[19] (Mini-Batch) von $\mathcal{D}$. Zusammenfassend lässt sich damit abschließend der Deep Q-Networks Algorithmus [116] ableiten. Zur Optimierung des MSE der Bellmann Optimality Equation ergibt sich in Abhängigkeit des Iterationsschrittes i folgende Verlustfunktion:

$$\mathcal{L}(w_i) = \mathbb{E}_{(s_t, a_t, r_t, s_{t+1}) \sim \mathcal{D}_i} \left[\left(r + \gamma \max_{a_{t+1}} Q(s_{t+1}, a_{t+1}; w_i^-) - Q(s, a; w_i) \right)^2 \right]$$
Gl. 3.30

Darin erfolgt die Ermittlung der Q-Learning Zielwerte auf Grundlage älterer und fixierter Gewichte w^-. Die Wahl der Aktion a_t erfolgt simultan zur Ausführung des Q-Learning Algorithmus in Gl. 3.22, z. B. nach einer ε-greedy Strategie. Wie

---

[19]Dadurch wird ein hohes korrelierendes Verhalten innerhalb eines Datensatzes vermieden, welches bei fortlaufenden Datenpunkten vorliegen kann.

bereits aus den vorangegangen Herleitungen dieses Kapitels bekannt, resultiert der Gradient aus Gl. 3.30 durch Bildung der Ableitung in Abhängigkeit von w:

$$\nabla_{w_i}\mathcal{L}(w_i) = \mathbb{E}_{\sim \mathcal{D}_i}\left[\left(r + \gamma\max_{a_{t+1}} Q(s_{t+1}, a_{t+1}; w_i^-) - Q(s, a; w_i)\right)\nabla_{w_i}Q(s, a; w_i)\right]$$

Gl. 3.31

Dieser Algorithmus bildet die Grundlage der Optimierungsmethodik in Kap. 4.1.

3.2 Fahrsimulation

Fahrsimulatoren dienen in der vorliegenden Arbeit als Werkzeug zur reproduzierbaren subjektiven Beurteilung fahrdynamischer Effekte. Diese stellen somit die Schnittstelle des menschlichen Fahrers und virtueller Simulationsumgebungen dar. Aufgrund der Relevanz realitätsnaher Bewegungsdarstellung zur subjektiven Beurteilung, soll nachfolgend ein grundlegendes Verständnis der Bewegungssteuerung sowie der menschlichen Wahrnehmung von Bewegungen vermittelt werden. Eine Beschreibung des eingesetzten Fahrsimulators schließt dieses Kapitel ab.

3.2.1 Motion Cueing – Begriffserklärung

Motion Cues bezeichnen sensorische Stimuli des Fahrers, welche aus der Bewegung eines Fahrzeugs resultieren. Unter diesen Stimuli sind wahrnehmbare Reize durch akustische, visuelle, haptische und vestibuläre Signale zu verstehen. Auf den Körper einwirkende Signale, wie beispielsweise Vibrationen, sind der Begrifflichkeit Haptik zuzuordnen. Beschleunigungen und Lageänderungen des Körpers können durch ein Organ im Innenohr erfasst werden, wodurch eine vestibuläre Reizung hervorgerufen wird. Im Bereich der Fahrzeugsimulation wird häufig die Begrifflichkeit Motion Cue alleinig auf vestibuläre Reize bezogen, da diese dem Fahrer relevante Informationen zum dynamischen Fahrzustand liefern [56].

Motion Cueing Algorithmen: Vor diesem Hintergrund sind Motion Cueing Algorithmen Regelungsstrategien zur realitätsnahen Erzeugung von vestibulären Reizen [44]. MCA verarbeiten kinematische Größen einer Fahrdynamiksimulation[20] und übersetzen diese in Stellgrößen für das zugrundeliegende Bewegungssystem des

---

[20]Insbesondere translatorische Beschleunigungen und rotatorische Winkelgeschwindigkeiten des Fahrzeugs.

Fahrsimulators. Aus der gezielten Ansteuerung des Bewegungssystem resultiert eine realistische vestibuläre Wahrnehmung und der Testfahrer ist in der Lage die aktuelle Fahrsituation korrekt zu erfassen.

Phaseneinteilung: Nach [44] lassen sich die Bewegungsreize von Motion Cues in drei Phasen kategorisieren (Tabelle 3.1). Diese Phasen beziehen sich auf den Frequenzbereich des Bewegungsablaufs und sind relevant für die Parametrierung und Modellierung eines MCA.

Tabelle 3.1: Kategorisierung der Bewegungsphasen von Motion Cues [44]

Anfängliche Cues	Einsetzende oder hochfrequente Bewegungen (engl. initial cues), z. B. Anfahr- oder Schaltvorgänge.
Verbindende Cues	Bewegungsabläufe im mittleren Frequenzbereich und Übergangsphase von anfänglichen zu dauerhaften Cues (engl. transient cues).
Dauerhafte Cues	Konstante, niederfrequente Bewegungsabläufe (engl. sustained cues), z. B. resultierende Querbeschleunigung aus Kurvenfahrten.

Washout: Der Washout ist ein wesentlicher Begriff in der Terminologie der MCA. Dieser sorgt dafür, dass die Simulatorplattform nach einer anfänglichen Beschleunigung langsam und dadurch im Idealfall nicht wahrnehmbar in ihre Ausgangslage, bzw. in eine Position mit größtmöglicher Bewegungsmöglichkeit gebracht wird. Infolgedessen werden konstante Eingangssignale im Zeitverlauf „ausgewaschen". Eine gezielte Auslegung des Washout kompensiert den eingeschränkten linearen Bewegungsraum eines Simulators und stellt durch eine ideale Ausgangslage der Plattform zu jeder Zeit das benötigte Beschleunigungspotential zur Verfügung.

Tilt Coordination: Durch den beschriebenen Washout-Effekt werden niederfrequente Beschleunigungsanteile ausgewaschen [134]. Die sogenannte Tilt Coordination ist eine Technik, welche es dennoch ermöglicht diese Signalanteile dauerhaft zu simulieren. Dabei wird das Unvermögen des menschlichen Vestibularapparats ausgenutzt, nicht zwischen translatorischen Beschleunigungen und einer geneigten Kopflage unterscheiden zu können (siehe Kapitel 3.2.2). Dauerhafte Cues lassen sich somit durch eine geeignete Neigung der Simulatorplatform darstellen [44].

Fehlertypen des Motion Cueing: Aufgrund diverser Restriktionen ist die originalgetreue Nachbildung eines Bewegungsablaufs nicht immer gegeben. Infolgedessen kann es zu einer fehlerhaften oder inkorrekten Darstellung einzelner Cues kommen, was vom Menschen möglicherweise als ungewohnt oder unangenehm empfunden wird. Als mögliche Ursachen können der eingeschränkte Bewegungsraum, Grenzwertbeschränkungen der Systemdynamik oder fehlerhafte Stimuligenerierung durch den MCA genannt werden. Tabelle 3.2 liefert eine Zusammenstellung einzelner Fehlertypen. Für einen positiven virtuellen Fahreindruck ist es erstrebenswert, die Auftrittswahrscheinlichkeit dieser möglichst gering zu halten.

Tabelle 3.2: Einteilung der Fehlertypen von Motion Cues [56]

Falsche Cues	Reize, die eine falsche Bewegungsinformation liefern und somit aufgrund der aktuellen Fahrsituation nicht erwartet werden.
Fehlende Cues	Keine Reizgenerierung durch den MCA.
Phasenfehler	Spürbare zeitliche Phasenverschiebung vom dargestellten zum erwarteten Reiz.
Skalierungsfehler	Signifikante Amplitudendifferenz zwischen dargestellter und erwarteter/realer Beschleunigung.

3.2.2 Bewegungswahrnehmung des Menschen

Der menschliche Körper ist mit komplexen Sinnesorganen ausgestattet, die es ihm erlauben, seine Umgebungen wahrzunehmen und diese kognitiv zu verarbeiten. Informationen, die zur Bewegungs- und Lageempfindung führen, stammen vor allem aus folgenden in Verbindung stehenden Sinnessystemen [44, 205]:

- Propriozeptives System (Muskel- und Gelenkrezeptoren)
- Visuelles System (Auge)
- Vestibuläres System (Gleichgewichtsorgan)

Im Kontext der vollbeweglichen Fahrsimulation ist das vestibuläre System von besonderer Bedeutung, da dieses maßgeblich für die Sensierung von Beschleunigungsverläufen verantwortlich ist.

Der Vestibularapparat: Der Vestibularapparat (Gleichgewichtsorgan) ist im Labyrinth des Innenohrs angeordnet. Dieses setzt sich aus 5 weiteren Sinnesorganen zusammen, dessen anatomische Anordnung in Abbildung 3.8 verdeutlicht ist.

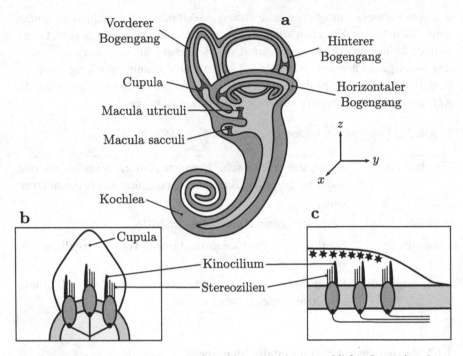

Abbildung 3.8: Schematischer Aufbau des Labyrinths im menschlichen Innenohr mit einer Detailansicht der Cupula (b) und der Macula (c) (nach [119])

Darin enthalten sind die 3 Bogengangsorgane (vorderer, hintere und horizontaler Bogengang) sowie die 2 Makulaorgane (Macula utriculi und Macula sacculi) [205]. All diese 5 Sinnesorgane haben gemein, dass sie mit feinen Sinneshärchen ausgestattet sind, die in eine gallertige Masse hineinragen. In den 3 Bogengangsorganen trägt diese Masse die Bezeichnung Cupula. Aufgrund zusätzlicher kleiner Calciumcarbonatkristalle wird das Gallert der Maculaorgane Otolithenmembran bezeichnet. Die Bogengangsorgane dienen der Detektion von Rotationsbewegungen im Raum und die Aufgabe der Maculaorgane ist die Detektion von translatorischen Bewegungen. Die Bogengänge sind nahezu kreisförmig ausgebildet und sind jeweils senkrecht in die 3 Raumrichtungen angeordnet. Die Bogengangskanäle sind mit der kaliumreichen Flüssigkeit Endolymphe gefüllt und durch die Cupula unterbrochen. Bei einer Drehung des Kopfes bleibt die Flüssigkeit aufgrund ihrer Trägheit gegenüber den Bogengangswänden zurück. Da jedoch die Capula mit dem knöchernen Bogengang verwachsen ist, bewegt sich diese mit der Drehbewegung. Infolgedessen drückt die Flüssigkeit gegen das elastische Gallert der Cupula und die darin befindlichen Haarzellen werden ausgelenkt (Abbildung 3.9 links). Eine derartige Reizung wird als mechano-elektrische Transduktion verstanden, da eine Scherung der Haarzellen einen elektrischen Potentialunterschied hervorruft. Das daraus resultierende Signal kann dann von den zugehörigen Nervenfasern verarbeitet werden [205]. Aufgrund der identischen spezifischen Dichte von Endolymphe und Cupula wird bei einer translatorischen Beschleunigung allerdings keine Relativbewegung der Cupula zum Bogengang hervorgerufen, woraus ebenfalls keine Reizung der Sinneshärchen resultiert.

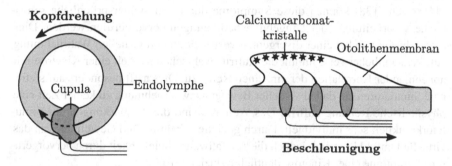

Abbildung 3.9: Links: Bogengang mit Cupula und Haarzellen bei einer Rotationsbewegung des Kopfes (nach [119]); Rechts: Scherung der Otolithenmembran bei translatorischer Beschleunigung (nach [172])

Zur Wahrnehmung von translatorischen Beschleunigungen und der Gravitation sind die Maculaorgane notwendig. Deren innerer Aufbau ist ähnlich zur Cupula und die Reizentstehung sowie -übermittlung erfolgt ebenfalls durch Scherung der darin verwachsenen Sinneshärchen. Aufgrund der Calciumcarbonatkristalle existiert an dieser Stelle jedoch eine unterschiedliche spezifische Dichte zwischen der Endolymphe und der Otolithenmembran. Infolgedessen kann es bei einer translatorischen Beschleunigung zu einer Verschiebung der Membran kommen (Abbildung 3.9 rechts), wodurch eine Reizempfindung ausgelöst wird [205]. Bei einer aufrechten Kopfhaltung befindet sich die Macula sacculi anatomisch in senkrechter Ausrichtung. Die Erdanziehung bewirkt in diesem Fall eine Auslenkung dieses Organs und der Mensch ist in der Lage diese Kraft zu spüren. Demgegenüber ist die Macula utriculi waagrecht angeordnet und verbleibt in diesem Zustand in Ausgangslage. Jedoch bewirkt eine Veränderung der Kopfhaltung (beispielsweise durch eine Neigung nach hinten) eine zusätzliche Reizung der Macula utriculi. Wird dem Menschen die visuelle Information genommen, bzw. diese durch eine virtuelle Realität vorgetäuscht, so ist dieser nicht in Lage eine translatorische Beschleunigung von einer Lageänderung zu unterscheiden. Diese „Unfähigkeit" wird durch die zuvor erläuterte Tilt Coordination (Kapitel 3.2.1) bewusst ausgenutzt [134].

Kinetose: Die Kinetose bezeichnet eine Form der Bewegungskrankheit[21], welche durch virtuelle Realitäten ausgelöst werden kann. Im Umfeld der Fahrsimulation wird diese als Simulatorkrankheit bezeichnet. Das breite Spektrum typischer Symptome reicht beispielsweise von einer Überanstrengung der Augen, über Schweißausbrüche und Kopfschmerzen, bis hinzu Gleichgewichtsstörungen und Erbrechen [44]. Nach [138] können diese Symptome durch eine widersprüchliche sensorische Verarbeitung[22] der Umgebungsbedingungen hervorgerufen werden. Dies tritt insbesondere bei einer divergenten vestibulären und visuellen Wahrnehmung auf. Verständlicherweise nimmt die Auftrittswahrscheinlichkeit einer Kinetose mit abnehmender Korrelation der einzelnen Reize zu. Dies trifft besonders auf stationäre Simulatoren zu, da bei visueller Bewegungswahrnehmung zu keiner Zeit eine physikalische Reizung auftritt. Des Weiteren sind die Auswirkungen der Simulatorkrankheit sehr individuell. Durch gezieltes Training und Gewöhnung an das virtuelle Umfeld lässt sich jedoch die Ausfallwahrscheinlichkeit durch hervorgerufene Symptome einer Kinetose deutlich reduzieren [67].

Wahrnehmungsschwellen: Für die Auslegung von MCA und ein realistisches Fahrsimulatorerlebnis spielen Wahrnehmungsschwellen eine zentrale Bedeutung. Dabei handelt es sich um Untergrenzen, welche überschritten werden müssen, damit eine Bewegung als solche erkannt wird. Die Existenz dieser Schwellwerte ist nachgewiesen und bereits seit einigen Jahrzehnten Bestandteil von Forschungsfragen, wie sehr frühe Arbeiten zu dieser Thematik belegen [57, 69]. Eine ausführliche Übersicht zu Schwellwerten hinsichtlich translatorischer und rotatorischer Beschleunigungen sowie Rotationsgeschwindigkeiten im Raum liefert [44].

Die Kenntnis dieser Werte ist wertvoll. Allerdings zeigen Untersuchungen, dass jene durchaus gewissen Schwankungsbreiten ausgesetzt sind. So zeigt eine Probandenstudie in Dunkelheit, dass Kippbewegungen von den Personen deutlich, jedoch unterschiedlich intensiv [197] oder unterschiedlich realistisch [115] wahrgenommen werden. Des Weiteren wird in [89] ein korrelierendes Verhalten der Wahrnehmungsschwelle und dem Alter einer Testperson aufgezeigt. Ebenso spielen Erwartungshaltung [125] und mentale Belastung [197] der Probanden eine Rolle.

---

[21]Vergleichbar mit der bekannten Reise- oder Seekrankheit [2].
[22]Dies wird in der Fachterminologie als Sensorkonflikt-Theorie bezeichnet.

3.2.3 Der Stuttgarter Fahrsimulator

Der im Jahre 2012 in Betrieb genommene Stuttgarter Fahrsimulator (Abbildung 3.10) entstand aus einer Kooperation seitens des FKFS, der Universität Stuttgart, des Bundesministeriums für Bildung und Forschung sowie des Ministeriums für Wissenschaft, Forschung und Kunst Baden-Württemberg [12]. Zu den Forschungsfeldern dieses Fahrsimulators zählen unter anderem Komfort- und Sicherheitssysteme, Energieeffizienz, Verkehrspsychologie und das automatisierte Fahren [147].

Abbildung 3.10: Außen- und Innenansicht des Stuttgarter Fahrsimulators [134]

Die gesamte Anlage ist konzeptioniert zur Darstellung des fahrdynamischen Spektrums eines sportlichen Normalfahrers, dessen längs- und querdynamische Randbedingungen auf Grundlage einer repräsentativen Probandenstudie beruhen [13]. Durch die hard- und softwaretechnische Gesamtintegration des Systems gehört der Simulator zu einem der modernsten in Europa [201]. Zu den wesentlichen Komponenten der Anlage zählen das Bewegungssystem, der Dom, die Fahrdynamiksimulation, das Grafik- und Audiosystem sowie ein Vibrationssystem [134]. Ein Schlittensystem mit einem linearen Arbeitsraum von 10m x 7m und einem darauf installiertem Hexapod bilden das Bewegungssystem. In der Gesamtheit setzt sich der Bewegungsablauf aus Logitudinal- und Lateralbewegungen des Schlittens, sowie aus Gier-, Hub- und Kippbewegungen des Hexapods zusammen. Aus der Kopplung beider Teilsysteme resultiert ein Bewegungssystem mit insgesamt 8 Freiheitsgraden. In Tabelle 3.3 sind die kinematischen Grenzen sämtlicher Freiheitsgrade des Simulators zusammengefasst.

In virtuellen Probefahrten steht der menschliche Fahrer im geschlossenen Regelkreis mit der Simulationsumgebung in Verbindung. Damit für den Fahrer ein möglichst realistisches Fahrgefühl entsteht, muss dieser zu jeder Zeit mit der Simulation interagieren können und die daraus resultierende Systemantwort muss den Fahrer

Tabelle 3.3: Kinematische Randbedingungen des Bewegungssystems [27]

Teilsystem	Freiheitsgrad	Bewegungsraum			Geschwindigkeit	Beschleunigung
Schlitten-system	x_S	$-5\,\mathrm{m}$	-	$5\,\mathrm{m}$	$\pm2\,\mathrm{m/s}$	$\pm5\,\mathrm{m/s^2}$
	y_S	$-3{,}5\,\mathrm{m}$	-	$3{,}5\,\mathrm{m}$	$\pm3\,\mathrm{m/s}$	$\pm5\,\mathrm{m/s^2}$
Hexapod	x_H	$-0{,}453\,\mathrm{m}$	-	$0{,}538\,\mathrm{m}$	$\pm0{,}5\,\mathrm{m/s}$	$\pm5\,\mathrm{m/s^2}$
	y_H	$-0{,}445\,\mathrm{m}$	-	$0{,}445\,\mathrm{m}$	$\pm0{,}5\,\mathrm{m/s}$	$\pm5\,\mathrm{m/s^2}$
	z_H	$-0{,}387\,\mathrm{m}$	-	$0{,}368\,\mathrm{m}$	$\pm0{,}5\,\mathrm{m/s}$	$\pm6\,\mathrm{m/s^2}$
	ϕ_H	$-18°$	-	$18°$	$\pm30\,°/\mathrm{s}$	$\pm90\,°/\mathrm{s^2}$
	θ_H	$-18°$	-	$18°$	$\pm30\,°/\mathrm{s}$	$\pm90\,°/\mathrm{s^2}$
	ψ_H	$-21°$	-	$21°$	$\pm30\,°/\mathrm{s}$	$\pm120\,°/\mathrm{s^2}$

ohne merkliche Verzögerung erreichen. Infolgedessen werden am Stuttgarter Fahrsimulator Echtzeitsysteme mit einer Abtastfrequenz von 1 kHz eingesetzt. Um die
Systemlaufzeiten möglichst gering zu halten, werden die Simulationen des Motion
Cueing und der Fahrdynamik auf separaten Echtzeitrechnern ausgeführt. Der MCA
ist als graphische Programmierung in Simulink® von Mathworks [183] umgesetzt
und wird im Simulatornetzwerk auf einer Real-Time Plattform [182] ausgeführt.
Eine standardisierte Netzwerkschnittstelle ermöglicht die modulare Einbindung
der Fahrdynamiksimulation aus unterschiedlichen Simulationswerkzeugen. Zur
Berechnung der fahrdynamischen Größen befinden sich die Echtzeitumgebungen
Simulink Real-Time, CarMaker über Xpack4 von IPG [74, 75] und Concurrent
Real-Time [33] im Einsatz. Die Echtzeitanforderung gilt selbstverständlich für alle
weiteren Elemente, wie beispielsweise Audio- und Visualisierungssysteme. Abbil-
dung 3.11 skizziert zusammenfassend eine Gesamtübersicht der echtzeitbasierten
Simulationsumgebung im Stuttgarter Fahrsimulator.

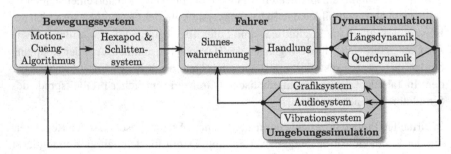

Abbildung 3.11: Echtzeitbasierte Driver-in-the-Loop-Simulation (nach [115, 134])

4 Virtuelle Steuergeräteapplikation

Auf der vorangegangen grundlegenden Theorie aufbauend bildet die Behandlung des selbstlernenden Optimierungsansatzes das zentrale Element in dieser Arbeit. Die Virtualisierung des betrachteten Steuergerätes, die Ausführung der Simulationsumgebung sowie die Verkopplung des Fahrsimulators stellen weitere wesentliche Bestandteile zur Darstellung des vorgezogenen und realitätsnahen Applikationsprozesses dar.

4.1 Selbstlernender Optimierungsalgorithmus

Die nachfolgende Ausführung dient der Definition eines multikriteriellen Optimierungsansatzes auf Grundlage des Reinforcement Learnings. Zu den wesentlichen Aspekten zählen hierfür die Abstraktion einer geeigneten Ausführungsumgebung, die Integration eines Multi-Agenten-Systems sowie die Bildung eines Rewards zur kooperativen Zielfindung.

4.1.1 Abstraktion der Reinforcement Learning Umgebung

Die Aufgabe der Agenten ist die Anpassung eines vorgegebenen Parametersatzes zur Ausbildung eines optimalen Kompromisses der geforderten Zielgrößen. Damit diese zielgerichtete Handlungen erlernen und ausführen können, ist zunächst eine sinnvolle Umgebung abzuleiten. Ein möglicher Ansatz ist die direkte Vorgabe des Datensatzes (mit sämtlichen n-dimensionalen Kennfeldern, Vektoren und Einzelparametern) um daraus eine Umgebung nach dem Vorbild einer zweidimensionalen Grid-World[23] abzubilden. Jedes Element in dieser Grid-World bildet einen Einzelwert des Datensatzes ab. Der Agent ist in der Lage sich zu jedem Zeitschritt t frei in der Welt in alle Richtungen[24] zu bewegen oder in einem Feld eine Anpas-

---

[23] Siehe hierzu beispielhafte Ausführungen in [175].

[24] Die Bewegungsmöglichkeiten in einer zweidimensionalen Grid-World beschränken sich im einfachen Fall auf horizontale oder vertikale Bewegungen. Im erweiterten Fall ist der Agent in der Lage diagonale Bewegungen durchzuführen.

© Der/die Autor(en), exklusiv lizenziert an
Springer Fachmedien Wiesbaden GmbH, ein Teil von Springer Nature 2023
M. Scheffmann, *Ein selbstlernender Optimierungsalgorithmus zur virtuellen Steuergeräteapplikation*, Wissenschaftliche Reihe Fahrzeugtechnik Universität Stuttgart, https://doi.org/10.1007/978-3-658-41972-1_4

sung des Parameters vorzunehmen. Die entsprechenden Handlungsmöglichkeiten
in einer solchen Umgebung sind in Abbildung 4.1 links skizziert. Je nach Größe
des Datensatzes ist seitens des Agenten jedoch ein gewisser explorativer Aufwand
zur Identifikation sämtlicher Parameter vorauszusetzen, welcher den Lernprozess
nachteilig verlängern kann.

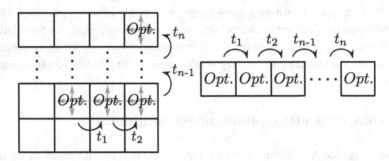

Abbildung 4.1: Handlungen eines Agenten zur Parameteroptimierung in einer Grid-World
(links) und im sequentiellen Prozess (rechts); ↔↕ ≙ Bewegungsmöglichkeit; *Opt.* ≙ Aktion zur Optimierung des Parameters

Infolgedessen wird für ein zielgerichtetes Vorgehen der Agenten ein gesteuerter
Prozess und somit eine Abweichung des Grid-World-Ansatzes vorgeschlagen. Die
Methode eines gesteuerten Vorgehens beruht auf der Annahme, dass jeder Teilparameter eines übergebenen Datensatzes relevant für die Lösung einer multikriteriellen
Problemstellung ist. Zur wesentlichen Charakteristik dieses Prozesses zählt, dass
aus der Umgebungsdynamik eine sequentielle Anpassung aller Teilparameter resultiert. Der Agent innerhalb dieser Umgebung muss somit zu jedem Zeitschritt
eine Entscheidung zur Parameteranpassung treffen (Abbildung 4.1 rechts). Unmittelbar darauf generiert die Umgebung auf Grundlage der Belohnungsfunktion
einen numerischen Reward, welcher dem Agenten zur Beurteilung der ausgeführten
Handlung dient. Dieser Ablauf wird solange iterativ fortgeführt, bis dem Agenten
jeder Parameter einmalig zur Anpassung vorgelegt wurde. Im Anschluss wird die
Trainingsepisode beendet und sämtliche getätigte Anpassung werden vor Beginn
der nächsten Episode zurückgesetzt. Innerhalb der umgesetzten Umgebung ist es
für den Agenten nicht möglich zu scheitern, woraus ein vorzeitiges Ende einer
Episode resultieren würde. Infolgedessen werden immer alle Parameter behandelt.

Zur Gewährleistung, dass jeder Teilparameter relevant für die jeweilige Optimierungsaufgabe ist, wird vorab ein Screening-Prozess durchgeführt. Ein Algorithmus

durchsucht dabei iterativ jeden Teilparameter eines Datensatzes und evaluiert dessen Relevanz in Bezug auf die gesuchten Zielgrößen. Parameter ohne Relevanz werden somit vorab gefiltert und nicht der Optimierung übergeben. Es ist jedoch sicherzustellen, dass die Randbedingungen der Filterung und der folgenden Optimierung identisch sind und somit mögliche Einflussgrößen nicht fälschlicherweise aussortiert werden. Abschließend wird zu Zwecken der Dokumentation eine Aufstellung aller relevanten Faktoren und ihr sensitiver Einfluss auf die Zielgrößen generiert.

4.1.2 Definition des Zustandsraumes

Der Zustandsraum dieses RL-Ansatzes setzt sich zusammen aus lokalen Beobachtungsvektoren und einem zentralen Zustandsvektor der Umgebung. Für jeden Agenten existiert ein individueller Beobachtungsvektor, dadurch ergibt sich die Gesamtanzahl dieser Vektoren aus der Menge aller agierenden Teilnehmer.

Das primäre Ziel eines jeden Agenten ist die Wahl von Aktionen, welche in einer optimalen Zielgrößen-Position ZG im Lösungsraum einer multikriteriellen Problemstellung resultiert. Infolgedessen wird diese Position dem individuellen Beobachtungsvektor übergeben. Die Position selbst ist ein Vektor der Größe d, wobei d der Menge der konkurrierenden Zielgrößen entspricht. Weiterer Bestandteil der Beobachtung ist die Information, aus welcher Parameteränderung p die Lösung resultiert. Da es sich um einen kooperativen Lösungsalgorithmus handelt, kann jeder Agent zusätzlich die Positionen aller aktiven Agenten einsehen. Des Weiteren werden dem Beobachtungsvektor sämtliche zuvor ausgeführten Handlungen a übergeben, aus welchen der aktuelle Zustand resultiert. Dieser Vektor wird zu jedem Zeitschritt des Trainings gebildet und enthält aus Sicht der Agenten alle relevanten Informationen zur Lösung des vorliegenden MDP. Zusammenfassend setzt sich der Beobachtungsvektor eines Agenten m zum Zeitschritt t in einem System von n Agenten folgend zusammen:

$$\vec{O}_t^m = \{p, ZG_1^m, ..., ZG_d^m, ZG_d^1, ..., ZG_d^n, a_{t-1}^m, a_{t-1}^1, ..., a_{t-1}^n\} \qquad \text{Gl. 4.1}$$

Des Weiteren wird ein zentralisierter Zustandsvektor s_t eingesetzt, welcher den globalen Zustand der Umgebung zum Zeitpunkt t definiert. Die Größe, die den globalen Zustand eines MOOP beschreibt, ist letztendlich die Pareto-Front $PF*$ selbst. Die Kenntnis dieser Größe bildet die Grundlage zur Bestimmung der Reward-Funktion und somit zur Evaluierung der kooperativen Handlungsstrategie aller

Agenten. Konkret handelt es sich bei diesem Zustandsvektor um eine diskrete Form der Pareto-Front. Die Diskretisierungstiefe resultiert aus der Anzahl der Agenten n:

$$\vec{s}_t = PF* = \{ZG_1^1, ..., ZG_d^n\} \qquad \text{Gl. 4.2}$$

Der Wertebereich der Teillösungen wird in kontinuierlicher Form verarbeitet.

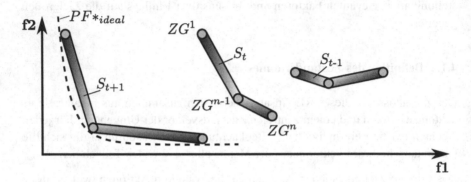

Abbildung 4.2: Definition und Entwicklung des Zustandsraumes im Training

Die Beobachtungsvektoren bilden die Eingangssignale der Agentennetzwerke und der zentrale Zustandsvektor wird dem Hyper-Netzwerk (siehe Kapitel 4.1.5) zugeführt. Abbildung 4.2 stellt zusammenfassend die Entwicklung des Zustandes und der einzelnen Beobachtungen im Lernprozess der selbstlernenden Optimierungsstrategie in einem zweidimensionalen Lösungsraum dar.

Solange die Agenten wissen, welcher Parameter zur Optimierung vorliegt, ist es für diese nicht relevant den Parameterwert zu kennen. Wie die Untersuchungen in Kapitel 5.1.2 zeigen, sind die Agenten in der Lage, das Systemverhalten auf Grundlage der resultierenden Entwicklung der Pareto-Front zu erlernen.

4.1.3 Bildung des Aktionsraumes

Der Aktionsraum fasst die Handlungsmöglichkeiten aller Agenten zum Zeitpunkt t zusammen. Da der Q-Learning-Algorithmus (siehe Kapitel 3.1.3) die Grundlage des Optimierungsansatzes bildet, wird zwar der Zustandsraum wertkontinuierlich abgebildet, die Darstellung des Aktionsraumes ist allerdings wertdiskret.

Die Bildung des Raumes erfolgt im Laufe der Initialisierung in automatisierter, teilautomatisierter oder manueller Weise. Die beiden erstgenannten Methoden sind im Speziellen für die Applikation von Steuergeräteparametersätzen vorgesehen. Dabei werden die ASAM MCD-2-Beschreibungsdateien verarbeitet und die relevanten Parametereigenschaften der Optimierung übergeben. Konkret handelt es sich bei diesen Eigenschaften um den Wertebereich und die diskrete Auflösung der Parameter, welche aus den zugehörigen CHARACTERISTIC-Elementen der .a2l-Datei extrahiert werden können. Die definierten Wertebereiche eines Parameters können jedoch deutlich zu groß und somit nicht praktikabel für eine Optimierung sein, da beispielsweise ein zu großer Speicherbereich im Steuergerät vorliegt oder Teilbereiche für unterschiedliche Problemstellungen vorgesehen sind. Infolgedessen ist durch die Teilautomatisierung eine Anpassung der extrahierten Eigenschaften in einem vorverarbeitenden Schritt möglich.

Zur Gewährleistung der Methode zum universellen Optimierungseinsatz wird weiterhin die Möglichkeit zur manuellen Initialisierung umgesetzt. Dies bedeutet, dass die Eigenschaft des Aktionsraumes frei definiert werden kann und somit die Methodik nicht einzig auf die Optimierung von ECU-Datensätzen zugeschnitten ist.

Auf Grundlage der vorangegangenen Ausführung wird daraus die Ausgabeschicht des NN abgeleitet. Jedem Knoten dieser Schicht wird ein diskreter Wert zugewiesen und die Gesamtmenge der Knoten bildet den geforderten Wertebereich eines Faktors ab. Die Knotenanzahl resultiert aus der Diskretisierungstiefe des Wertebereichs. Die Ausgabe des Netzwerks ist somit ein Vektor selbiger Größe. Da jeder RL-Agent identisch definiert ist, generiert jedes Agenten-Netzwerk einen derartigen Ausgabevektor.

4.1.4 Rewardfunktion zur Bewertung kooperativer Handlungen

Das Erlernen einer Wertefunktion Q erfordert, nach den Ausführungen in Kapitel 3.1.1, die Integration einer Rewardfunktion. Diese dient der Beurteilung der Handlung eines Agenten innerhalb einer Umgebung und beeinflusst somit maßgeblich die zu erlernende Policy.

Die vorliegende Problemstellung beschreibt die Definition eines Multi-Agenten-Systems, in welchem der Erfolg nur durch kooperative Handlungen der einzelnen Individuen erzielt werden kann. Da dieses System auf Grundlage der Definitionen des Q-Learning-Algorithmus (Gl. 3.22) beruht, ist es die Aufgabe zur Abbildung einer Rewardfunktion, welche durch einen einzigen globalen Reward sämtliche Aktionen aller Agenten quantitativ beurteilt.

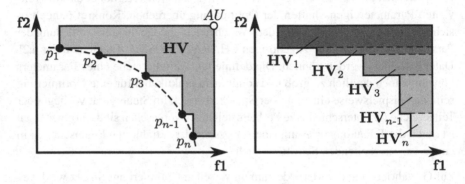

Abbildung 4.3: Links: Aufgespanntes Hypervolumen über eine zweidimensionale konkave Pareto-Front; Rechts: Berechnung des Hypervolumens durch Aufteilung in Unterräume

Zur Bildung des Rewards wird ein S-Metrik basierender Ansatz [206] angewendet. Die S-Metrik liefert ein Maß über den Raum, welcher durch eine Pareto-Front dominiert wird. Abbildung 4.3 links veranschaulicht dies im zweidimensionalen Fall anhand einer konkav ausgebildeten Lösungsmenge. Der Bereich im n-dimensionalen Raum kann als sogenanntes Hypervolumen [16] bezeichnet werden. Der exakte Wert dieses Volumens ergibt sich in Abhängigkeit eines frei definierbaren Anti-Utopia-Punktes (*AU*).

Je größer das berechnete Hypervolumen (HV) aus einem Satz nicht-dominierter Lösungen, desto näher liegen diese an der exakten Pareto-Front. Da der State eines jeden Agenten einer Position im Lösungsraum entspricht, resultiert in diesem Kontext aus der Gesamtmenge deren Lösungen wiederum das Hypervolumen. Eine Maximierung dieses Volumens, durch geeignete Positionierung der Agenten, führt somit zur Lösung der Reinforcement Learning Umgebung.

Der aufgespannte Bereich lässt sich in bi-kriteriellen Optimierungen durch geometrische Verfahren bestimmen. Vor dem Hintergrund der automatisierten rechnergestützten Anwendung bietet die Aufteilung des HV in geometrisch leichter lösbare Probleme eine effektive Lösungsmöglichkeit. Durch gezielte Schnitte, ausgehend von den Lösungspunkten der Agenten, lässt sich jedes zweidimensionale HV durch eine endliche Anzahl von Rechtecken substituieren (Abbildung 4.3 rechts). Aus dessen Summe resultiert wiederum das Hypervolumen:

$$HV = \sum_{i=1}^{n} HV_i = (AU_1 - f_1^{(p_1)})(AU_2 - f_2^{(p_1)}) + \sum_{i=2}^{n} (AU_1 - f_1^{(p_i)})(f_2^{(p_{i-1})} - f_2^{(p_i)})$$

Gl. 4.3

Es ist ersichtlich, dass für die iterative Summenbildung eine Ordung der Eingangsgrößen in Abhängigkeit einer Zielgröße erfolgen muss. Aus der Berechnungsanweisung folgt eine zeitliche Komplexität von $\mathcal{O}(Nlog(N))$. Dieser Wert liefert eine Aussage über die Berechnungszeit des Hypervolumens in Abhängigkeit der Lösungspunkte N und der Zielgrößendimension M.

Tabelle 4.1: Zusammenstellung der zeitlichen Komplexität $\mathcal{O}$ gängiger Algorithmen zur Bestimmung des exakten Hypervolumens in Abhängigkeit der Lösungen N und der Dimension des Zielraumes M.

Algorithmus	Dimensionalität	Zeitliche Komplexität	Quelle
LebMeasure	ohne Beschränkung	$\mathcal{O}\left(N^M\right)$	[47]
HSO	ohne Beschränkung	$\mathcal{O}\left(N^{M-1}\right)$	[199]
FPL	ohne Beschränkung	$\mathcal{O}\left(N^{M-2}log(N)\right)$	[48]
HOY	ohne Beschränkung	$\mathcal{O}\left(N*log(N) + N^{M/2}log(N)\right)$	[16]
WFG	ohne Beschränkung	$\mathcal{O}\left(N^{M-1}\right)$	[200]
HBDA	ohne Beschränkung	$\mathcal{O}\left(N^{(M-1)/2+1}\right)$	[97]
QHV-II	ohne Beschränkung	$\mathcal{O}\left(M^{N-1}\right)$	[84]
HV3D	3 Dimensionen	$\mathcal{O}\left(Nlog(N)\right)$	[16]
HV4D	4 Dimensionen	$\mathcal{O}\left(N^2\right)$	[58]

Simultan zu dem zweidimensionalen Fall existiert für jede n-dimensionale Optimierungsaufgabe ein HV. Die Komplexität zur exakten Bestimmung des HV nimmt jedoch mit steigender Dimension zu. Tabelle 4.1 gibt eine Zusammenstellung von Methoden zur effizienten Ermittlung des Hypervolumens. HV3D und HV4D sind lediglich zur effizienten Lösung der entsprechenden Dimension entworfen worden und nehmen somit eine Sonderstellung ein.

Da im vorliegenden MDP nach jedem Zeitschritt die Bestimmung der S-Metrik zur Bildung des Rewards notwendig ist, wird zur Minimierung der Gesamtberechnungszeit der HOY-Algorithmus für Optimierungsaufgaben mit $M \geq 3$ eingesetzt. Dieser zählt hinsichtlich der dargestellten zeitlichen Komplexität zu den schnellsten Methoden[25]. HV3D und HV4D zeigen in dessen vorgesehenem Einsatzbereich geringfügige zeitliche Vorteile gegenüber HOY, ebenfalls ist FPL für kleine Eingangsdatensätze eine sinnvolle Alternative. Vor dem Hintergrund des universellen Einsatzes, unabhängig vom Datensatz und der Dimension M, werden diese dennoch nicht vorgesehen.

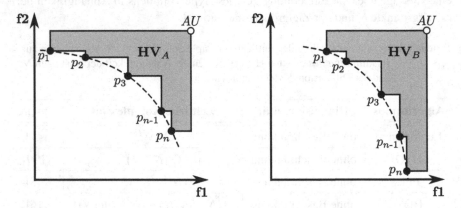

Abbildung 4.4: Uneindeutigkeit der S-Metrik hinsichtlich des dominierten Raumes

Das Hypervolumen alleinig liefert allerdings keine hinreichende Aussage darüber, dass eine Lösungsmenge A eine Menge B vollständig dominiert [193, 166]. Aus unterschiedlichen Konstellationen im Lösungsraum können somit identische Ergebnisse der S-Metrik resultieren (Abbildung 4.4). Diese Uneindeutigkeit kann von den Agenten zu Fehlinterpretationen der States führen und in lokal optimalen Handlungen resultieren. Infolgedessen wird eine Differenzbildung nach jedem Zeitschritt durchgeführt:

$$\Delta HV = HV_t - HV_{t-1} \qquad \text{Gl. 4.4}$$

Aus ΔHV resultiert abschließend der skalare Reward der Optimierung. Die Agenten erhalten dadurch, infolge der Entwicklung von ΔHV, eine eindeutige Umgebungsantwort in Form einer Belohnung (positiv) oder einer Bestrafung (negativ).

---

[25]Für eine grafische Repräsentation der Algorithmen in Abhängigkeit von N und M sei auf Abbildung A.8 des Anhangs verwiesen.

4.1.5 Netzwerkarchitektur der selbstlernenden Optimierung

Ein Entscheidungsproblem, welches zur Lösung mehrere kooperativ agierende Agenten benötigt, lässt sich nach [127] als dezentralisierter und partiell observierbarer Markov-Prozess (Dec-POMDP) beschreiben. Dieser ist durch das Tupel $\mathcal{M} = \langle \mathcal{C}, \mathcal{S}, \mathcal{A}, \mathcal{P}, \mathcal{R}, O, \mathcal{O}, \gamma \rangle$ definiert und beinhaltet somit sämtliche Elemente eines MDP. Zusätzlich sind folgende Bestandteile inkludiert:

$\mathcal{C}$: eine finite Menge $\{1, ..., n\}$ Agenten

$\mathcal{O}$: eine Observations-Transition-Wahrscheinlichkeitsmatrix
$\mathcal{P}^a_{s'o} = \mathcal{O}[o|s', a]$

O: eine finite Menge $\{o_1, ..., o_n\}$ Observationen aller n Agenten

Ein weiteres zusätzliches Element ist die Action-Observation-Historie τ. Diese beinhaltet für jeden Agenten c den Verlauf der angewandten Aktionen a und der daraus resultierenden Observationen o bist zu einem Zeitpunkt t:

$$\tau^c_t = \left(a^c_0, o^c_1, ..., a^c_{t-1}, o^c_t \right) \qquad \text{Gl. 4.5}$$

Diese zusätzlichen Informationen werden benötigt, da die Agenten in einem Dec-POMDP im Gegensatz zu einem MDP keinen Einblick in den vollständigen State einer Umgebung haben. Währenddessen kann in einem MDP die Historie aufgrund der Markov-Eigenschaft eines States vernachlässigt werden.

Eine Netzwerkarchitektur auf Grundlage des QMIX-Algorithmus [135, 136] ermöglicht eine Umsetzung zur Lösung eines Dec-POMDP im Kontext des Reinforcement Learnings. Die Struktur dieses Netzwerks ist in Abbildung 4.5 illustriert. In diesem Aufbau ist für jeden Agenten ein persönliches Netzwerk zur individuellen Approximation seiner Wertefunktion $Q_c(\tau^c, a^c)$ vorgesehen. Nach Gl. 4.5 werden die aktuelle Observation eines Agenten o^c_t und die zuletzt angewandte Handlung a^c_{t-1} dem Netzwerk als Eingangsgrößen übergeben. Des Weiteren sind die Approximationen der individuellen Q-Funktionen als rekurrente neuronale GRU-Netzwerke [32] umgesetzt. Diese Netzwerke sind in der Lage, zeitliche Sequenzen zu verarbeiten und erweisen sich somit als vorteilhaft für Dec-POMDP und der Modellierung der Action-Observation-Historie.

Das neuronale Mix-Netzwerk verarbeitet die individuellen $Q_c(\tau^c, a^c)$ und bildet daraus eine gesamtheitliche Action-Value-Funktion $Q_{tot}(\bar{\tau}, \bar{a})$. $\bar{a}$ und $\bar{\tau}$ sind darin die gemeinsamen Handlungen und Action-Observation-Historien aller Agenten.

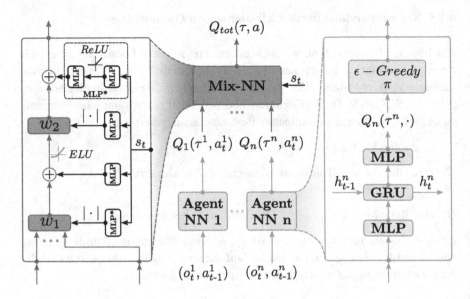

Abbildung 4.5: Netzwerkarchitektur für ein zentralisiertes Training eines Multi-Agenten-Systems (auf Grundlage von [135, 136])

Die Struktur des Mix-NN besteht aus einem vorwärts gerichteten Netzwerk, dessen interne Gewichte ausschließlich positive Werte annehmen können. Durch diese Randbedingungen lässt sich ein monotones Funktionsverhalten zwischen Q_{tot} und allen Q_c approximieren:

$$\frac{\partial Q_{tot}}{\partial Q_c} \geq 0, \quad \forall c \in \mathcal{C} \qquad \text{Gl. 4.6}$$

Diese Eigenschaft ist notwendig zur Konsistenz zwischen einer zentralisierten (greedy) Strategie über Q_{tot} und den dezentralen (greedy) Strategien über alle Q_c. Das bedeutet, die Anwendung einer arg max-Operation auf die individuellen Wertefunktionen Q_c liefert ein identisches Ergebnis, wie eine arg max-Operation auf Q_{tot} in Abhängigkeit der gemeinsamen Action-Observation-Historie:

$$\arg\max_{\tilde{a}\in\mathcal{A}} Q_{tot}(\tilde{\tau}, \tilde{a}) = \begin{pmatrix} \arg\max\limits_{a^1\in\mathcal{A}} Q_1(\tau^1, a^1) \\ \vdots \\ \arg\max\limits_{a^n\in\mathcal{A}} Q_n(\tau^n, a^n) \end{pmatrix} \qquad \text{Gl. 4.7}$$

Daraus folgt, dass ein Agent zur Aktionswahl einzig auf dessen dezentralisierte Handlungsstrategie zurückgreifen muss. Weiterhin gilt, dass für eine Off-Policy-Aktualisierung im Laufe des Lernprozesses einzig die Vorhersage der zentralisierten Strategie über Q_{tot} notwendig ist. Somit wird durch ein zentralisiertes Training von Q_{tot} die Entwicklung von gemeinsamen Handlungsstrategien ermöglicht.

Im Gegensatz zu ReLU soll die Integration einer ELU-Nichtlinearität innerhalb des Mix-NN eine Faktorisierung mit 0 vermeiden. Dieser Aspekt ist relevant aufgrund des Einsatzes nicht-negativer Netzwerkgewichte und somit zur Aufrechterhaltung der Gradienten.

Die Verwendung eines neuronalen Hypernetzwerks erlaubt es dem Mix-NN zusätzliche Informationen aus dem gesamtheitlichen State zu beziehen. Das Hypernetzwerk verarbeitet s_t als Eingangsgröße und bildet daraus die internen Parameter des Mix-NN. Des Weiteren kann nach [59] das Hauptnetzwerk, durch die gezielte Konditionierung des Hypernetzwerkes, eine geringere Parameteranzahl zur Funktionsapproximation aufweisen. Die Absolutfunktion in den Ausgabeschichten zur Bildung der Netzwerkgewichte dient zur Erfüllung des Monotonieverhaltens. Solange dies gewährleistet ist, muss diese Randbedingung für die Struktur des Hypernetzwerkes nicht gelten. Infolgedessen können an dieser Stelle ReLU-Nichtlinearitäten eingesetzt werden. Da s_t lediglich der Parameterkonditionierung dient und nicht parallel zu den Agenteninformationen direkt dem Mix-NN übergeben wird, lassen sich diese Informationen nutzen ohne dadurch eine überbestimmte Vorgabe zu generieren.

Die korrekte Repräsentation des Monotonieverhaltens ist in den Darstellungen in Abbildung 4.6 gegeben. Die Darstellungen zeigen eine vollständige Episodensequenz der trainierten Netzwerke zur Optimierung der ZDT1-Testfunktion[26]. Die Netzwerkarchitektur dieser Untersuchung bildet ein System aus 2 kooperativ agierenden Agenten ab. Infolgedessen existieren 2 individuelle Wertefunktionen Q_1 und Q_2. Die Konturen in den Einzelgrafiken repräsentieren die Ausgabe des Mix-NN und somit den Wert von Q_{tot}. Dieser nimmt mit heller werdendem Farbverlauf zu. Es ist somit ersichtlich, dass Q_{tot} über alle Q_1 und Q_2 streng monoton steigend ist und somit die Konsistenzbedingung aus Gl. 4.6 und Gl. 4.7 durch das Netzwerk erfüllt wird.

---

[26]Eine detaillierte Behandlung der ZDT-Funktionen folgt in Kapitel 5.1.

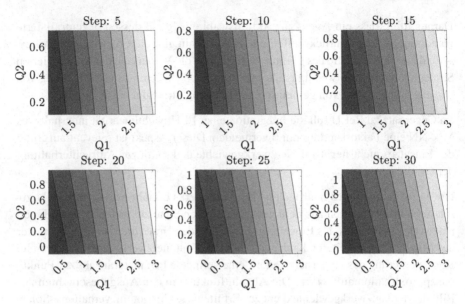

Abbildung 4.6: Monotonieverhalten zwischen Q_c und Q_{tot} über eine vollständige Episode nach Beendigung des Trainings

4.1.6 Training der Agenten

Zusammenfassend lässt sich der Funktionsablauf zur multikriteriellen Optimierung mittels Methoden des Reinforcement Learnings in der nachfolgenden Algorithmus-Beschreibung darstellen. Die Architektur der Optimierung basiert auf dem Q-Learning Algorithmus mit künstlichen neuronalen Netzen zur Approximation der Wertefunktion (Kapitel 3.1.4). Zur Erhöhung der Stabilität während des Trainings werden weiterhin die Methoden des Experience Replay Buffers und des Zielnetzwerks integriert. Durch Vorgabe zufällig gewählter Datensätze aus dem Buffer $\mathcal{D}$ sollen stark korrelierende Zusammenhänge in den Trainingsdaten vermieden werden.

Je nach Schrittweite besteht die Wahrscheinlichkeit, dass sich $Q(s',a')$ und $Q(s,a)$ kaum ändern und somit für ein NN nur schwer zu unterscheiden sind. Zur Vermeidung von numerischen Instabilitäten beim Einsatz von Gradientverfahren wird ein Zielnetzwerk zur Prädiktion von $Q(s',a')$ innerhalb der Bellman-Gleichung eingesetzt. Dieses stellt eine zurückliegende Kopie des ursprünglichen Q-Netzwerkes dar und dient einzig diesem Zweck. Weiterhin erfährt dieses Netz keine Aktualisierung

---

Algorithmus der selbstlernenden multikriteriellen Optimierung

---

Ziel: Bestimmung von $\pi \cong \pi_*$ zur Ermittlung der optimalen Pareto-Front
Abstraktion der RL-Umgebung
Initialisiere das Hypervolumen HV
Initialisiere die Netzwerkparameter w
Setze $w^- = w$
Initialisiere den Replay-Buffer $\mathcal{D} = [\ ]$
while Aktuelle Episode $\leq$ Finale Episode **do**
    Initialisiere S
    Initialisiere Kennfeldparameter zur Optimierung
    while Aktueller Zeitschritt $\leq$ Finaler Zeitschritt der Episode **do**
        Für alle Agenten $\in \{1,...,n\}$:
        Wähle A in Abh. von O durch Anwendung der von Q abgeleiteten
        ε-greedy-Policy (Gl. 3.20)
        Führe die gewählten Actions A aus
        Bestimmung von R aus resultierender Hypervolumenentwicklung
        Bestimmung von S' aus resultierender Pareto-Front
        Aktualisierung des Replay-Buffers $\mathcal{D}$ mit (S,A,R,S')
        $S \leftarrow S'$
        Aktualisiere Kennfeldparameter zur Optimierung
    end while
    if Inhalt von $\mathcal{D}$ > Batch-Size **then**
        Mini-Batch $b \leftarrow$ Zufällige Episoden aus $\mathcal{D}$
        for Jeder Zeitschritt t in allen Episode aus b **do**
$$Q_{tot}(w) = MixNN\left(Q_{(1...n)}\left(\tau_t^{(1...n)}, a_t^{(1...n)}\right); HyperNN(s_t; w)\right)$$
$$Q_{tot}(w^-) = MixNN\left(Q_{(1...n)}\left(\tau_t^{(1...n)}, a_t^{(1...n)}\right); HyperNN(s_t; w^-)\right)$$
        end for
        Bildung der Verlustfunktion $\mathcal{L}(w_i)$ mit $Q_{tot}(w)$ und $Q_{tot}(w^-)$
        Aktualisierung d. Netzwerkparameter $w = w - \alpha \nabla_w (\mathcal{L}(w_i))^2$
    end if
    if Episodenzähler z. Anpassung d. Zielnetzwerkparameter erreicht **then**
        $w^- = w$
    end if
end while

---

durch das Training. Stattdessen erfolgen periodisch, zu definierten Zeitpunkten im Training, Synchronisierungen der Zielnetzwerkparameter w^- mit den Parametern w des Q-Netzwerks.

Die Integration der neuronalen Hypernetzwerke ermöglicht das Monotonieverhalten zwischen der gesamtheitlichen Wertefunkton Q_{tot} und den individuellen Q-Funktionen. Infolgedessen resultiert aus einer Maximierung von Q_{tot} eine Maximierung aller Q. Aufgrund dieser Eigenschaft sind die Agenten trotz individueller Handlungsstrategien in der Lage, ein gemeinsames Optimierungsziel anzustreben.

Durch die Kombination der erläuterten Methoden der künstlichen Intelligenz mit Elementen aus dem Feld der Optimierung ist es möglich einen alternativen Ansatz zur multikriteriellen Parameteroptimierung zu definieren. Essentiell ist an dieser Stelle insbesondere die Ableitung der Pareto-Front in den Zustandsraum und die Verarbeitung des Hypervolumens zur Bildung des Rewards. Die gesteuerte Vorgabe der Applikationsparameter durch die Umgebung stellt eine Optimierung aller Faktoren sicher.

Sobald die Agenten an allen Parametern einmalig eine Anpassung vorgenommen haben, endet eine Trainingsepisode. Die Anzahl der Zeitschritte innerhalb einer Episode ist somit identisch zur Anzahl der Applikationsparameter. Die sequentielle Wiederholung dieser Trainingsepisoden beinhaltet das Ziel, eine optimale Handlungsstrategie zur Ermittlung der bestmöglichen Pareto-Front zu entwickeln.

4.2 Umsetzung der Software-in-the-Loop-Testumgebung

Die automatisierte Optimierung realer Datensätze erfordert zur korrekten Ausführung die Integration des realen Steuergeräte-Codes. Die zugrundeliegende Gesamtfahrzeugsimulation muss hinsichtlich des Frontloading-Ansatzes weiterhin ein vergleichendes Verhalten zu einem physikalischen Fahrzeug aufweisen. Des Weiteren ist zur subjektiven Beurteilung optimierter Datensätze im virtuellen Umfeld eine echtzeitfähige und fahrzeugnahe Verkopplung des Fahrsimulators zur Fahrzeugsimulation notwendig. Das vorliegende Kapitel diskutiert die Umsetzung dieser relevanten Aspekte.

4.2.1 Virtuelles Steuergerät

Der Einsatz realer Steuergeräte-Hardware ist, insbesondere in der frühen Phase im V-Modell (Abbildung 2.1), für intensive Optimierungsaufgaben kaum bis nicht gegeben. Die Virtualisierung von ECU-Code ist somit ein wesentliches Element für einen effektiven Frontloading-Ansatz zur optimalen und automatisierten Parametersatz-Applikation.

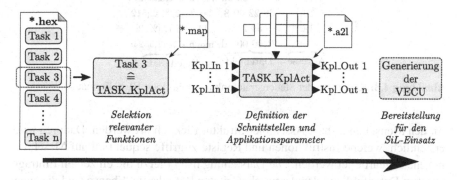

Abbildung 4.7: Strategischer Prozess zur Virtualisierung von Steuergeräte-Code; Veranschaulicht anhand eines Tasks

Als Versuchsträger dient im Folgenden exemplarisch eine ECU zur Steuerung und Regelung eines Doppelkupplungsgetriebes in einem konventionellen, verbrennungsmotorischen Antriebsstrang. Aufgrund der unterschiedlichen Prozessorarchitekturen des Steuergerätes und der Ausführungsumgebung der SiL-Simulation sind Anpassungsschritte zur Virtualisierung notwendig. Das strategische Vorgehen zur Generierung von ausführbarem Steuergeräte-Code ist in Abbildung 4.7 illustriert. Die Virtualisierung basiert auf Grundlage sogenannter .hex-Dateien[27]. Diese Dateien beinhalten Programmcode und Parametersatz der Ziel-Hardware und werden im Laufe des Flashvorganges in den Speicher der ECU geschrieben. Der Inhalt dieser Datei ist hexadezimal codiert. In Abbildung 4.8 ist zur Veranschaulichung exemplarisch eine Zeile des Codes dargestellt. Die Byte-Anordnung ist für das vorliegende Steuergerät im Intel HEX-Format ausgeführt. Entsprechend des Formatierungsregelwerks lassen sich wie dargestellt die einzelnen Code-Bestandteile kategorisch einordnen. Durch Disassemblierung kann der Programmcode in eine

---

[27] Aus datenschutzrechtlichen Gründen werden im Folgenden keine expliziten Software-Auszüge wiedergegeben. Die grundlegende Beschreibung der Methode behält dennoch ihre Gültigkeit.

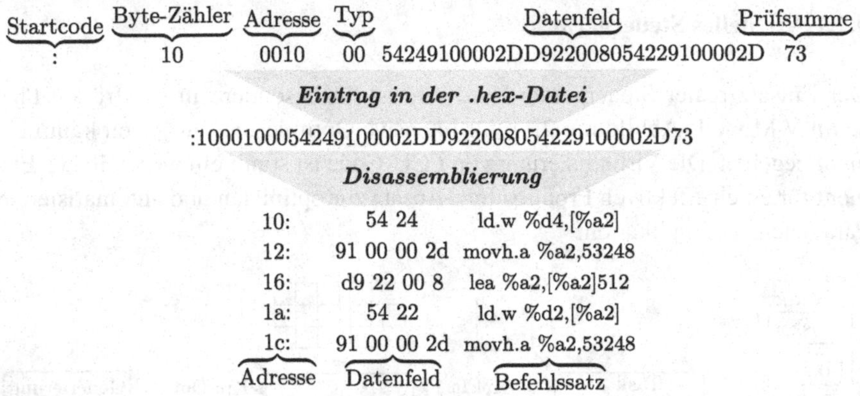

Startcode :	Byte-Zähler 10	Adresse 0010	Typ 00	Datenfeld 54249100002DD922008054229100002D	Prüfsumme 73

Eintrag in der .hex-Datei

:1000100054249100002DD922008054229100002D73

Disassemblierung

10:	54 24	ld.w %d4,[%a2]
12:	91 00 00 2d	movh.a %a2,53248
16:	d9 22 00 8	lea %a2,[%a2]512
1a:	54 22	ld.w %d2,[%a2]
1c:	91 00 00 2d	movh.a %a2,53248

Adresse   Datenfeld   Befehlssatz

Abbildung 4.8: Kodierung der Steuergerätefunktionen im Intel HEX-Format

für den Menschen lesbare Assembler-Struktur rückgeführt werden. Dadurch wird ersichtlich, welche Instruktionen und Registerzugriffe sequentiell auf Maschinenebene abgearbeitet werden. Die Darstellung listet hierzu die einzelnen Einträge aus dem Datenfeld und den daraus abgeleiteten Befehlssatz. Ebenso sind die zugehörigen Einsprungadressen der Instruktionen aufgeführt. Durch den Einsatz eines Befehlssatzsimulators [73] lassen sich die vorliegenden Assembler-Befehle in den Befehlssatz der Simulations-Hardware übersetzen. Hieraus resultiert eine instruktionsakkurate[28] und somit realitätsnahe Ausführung des Steuergeräte-Codes auf einem Entwickler-PC.

Da eine Software-Architektur beispielsweise nach OSEK oder AUTOSAR (vgl. Abbildung 2.2) sämtliche Elemente und Treiber für den Betrieb einer ECU beinhaltet und somit zu komplex hinsichtlich der Ausführung im SiL sein kann, bietet es sich an, lediglich eine Teilmenge des Codes zu virtualisieren. Die Virtualisierung der Getriebesteuerung beinhaltet hauptsächlich die Elemente der Application-Software, da sich darin die Implementierungen der Steuerungs- und Regelungsfunktionen befinden. Der Zugriff hierzu ist relevant zur automatisierten Datensatzapplikation. Zur Identifizierung der notwendigen Funktionen dient die Aufstellung in .map-Dateien als Hilfestellung. Dieses liefert eine Zusammenstellung aller wesentlichen Software-Bestandteile (Symbole) auf einem Steuergerät. Tabelle 4.2 zeigt hierzu einen beispielhaften Ausschnitt aus einer .map-Datei. Derartige Aufstellungen las-

---

[28]Da es sich um eine Befehlssatzsimulation und nicht um eine Emulation handelt, ist die Ausführung nicht zyklusakkurat. Dies stellt allerdings in einer SiL-Simulationsumgebung kein Hindernis dar, solange der Code selbst akkurat und zum korrekten Zeitpunkt ausgeführt wird.

Tabelle 4.2: Symbolzuordnung in einer *.map-Datei

Name	Adresse
ECU_init	0x80076f34
XCP_init	0x80076d62
TASK_KplAct	0x800970e8
⋮	⋮
TASK_SftUp	0x8009df36

sen sich neben der .hex-Datei als Ergebnis des Kompilier- und Linkprozesses des Steuergeräteprogramms ausgeben. Von wesentlicher Relevanz an diesen Dateien ist die Auflistung der Funktionen in lesbarer Form, wodurch die gewünschten Funktionen identifiziert werden können. Des Weiteren sind die zugehörigen Einsprungadressen aufgeführt. Die Befehlssatzsimulation kann mit dieser Information gezielt an relevante Adressen springen und beginnend von dort die zugehörigen Instruktionen nach Vorgabe des Betriebssystems ausführen.

Zur Gewährleistung der Kommunikation zwischen Fahrzeugmodell und VECU in einer SiL-Simulation sind weiterhin Schnittstellen zu definieren. Die notwendigen Informationen zur Erzeugung dieser Freischnitte lassen sich aus den ASAM-MCD2-Beschreibungsdateien (.a2l) beziehen. Diese sind in Tabelle 4.3 für ein Signal veranschaulicht. Der Datenaustausch erfolgt somit durch gezielte Manipulation ausgewählter Messsignale. VECU-Eingangssignale werden vorab zunächst durch Anwendung der Konvertierungsfunktion und ausgehend von einer Festkommaskalierung in eine Binärkodierung überführt. Anschließend wird das kodierte Signal direkt in den angegebenen Adressbereich geschrieben. Sobald die Befehlssatzsi-

Tabelle 4.3: Messsignalzugriff durch Anwendung der *.a2l-Beschreibungsdatei

/begin MEASUREMENT	
InKplT_1	
"Eingangssignal Moment Kupplung 1"	
ULONG	/* Datentyp */
Conv_Kpl	/* Konvertierungsfunktion */
1	/* Bit-Auflösung */
0	/* %-Abweichung v. phys. Wert */
0	/* Untere Wertlimitierung */
1023	/* Obere Wertlimitierung */
ECU_ADDRESS 0xD0000700	/* Adressierung */
/end MEASUREMENT	

mulation den Wert aus dieser Adressierung bezieht, wird durch die virtualisierte Software das modifizierte Signal verarbeitet. Für Ausgangssignale wird in gleicher Weise, jedoch in umgekehrter Reihenfolge verfahren. Hierfür wird zunächst der Wert aus dem Adressbereich ausgelesen. Anschließend wird der resultierende Wert durch die zugehörigen Skalierungsregeln in eine physikalische Größe umgewandelt. Das skalierte Signal dient abschließend dem Fahrzeugmodell im geschlossenen Regelkreis als Stimuli. Freischnitte zur Manipulation von Applikationsparametern aus der Simulation heraus erfolgen ebenfalls nach identischem Vorgehen. Die Informationen sind dann allerdings aus den Vorgaben der CHARACTERISTICS anstelle von MEASUREMENTS aus der .a2l-Datei zu beziehen.

Zusätzlich müssen Zugriffe auf die HW-Ebene des Mikrocontrollers unterbunden werden, da dies infolge der Virtualisierung nicht weiter möglich ist. Derartige Zugriffe resultieren beispielsweise aus der Kommunikation des Steuergerätes über ein Datenbussystem (z.B. CAN, Flexray) mit anderen Netzwerkteilnehmern. Je nach Umsetzung der Software-Architektur kann es dann zu direkten Zugriffen aus der Anwendungsschicht zur Hardware-Ebene kommen. Zur Vermeidung eines derartigen Verhaltens sind Bypass-Funktionen zu integrieren.

Tabelle 4.4: Bypass von unzulässigen Zugriffen der virtualisierten Software

KPL_Sollmoment = 0xD0003CD7	*# Einlesen des Sollwertes*
function_RxCanKPL_Sollmoment:	*# Bypass-Funktion*
ld.w %d2, KPL_Sollmoment	*# Übergabe des Sollwertes*
ret	

Tabelle 4.4 zeigt hierfür die Umsetzung einer solchen Bypass-Funktion. Zunächst wird der Wert in einem gewünschten Adressbereich temporär in eine Variable geschrieben. Innerhalb der definierten Funktion wird dieser Variablenwert anschließend in das zugehörige Register der ursprünglichen Funktion übertragen. Im Anschluss kann der Programmablauf mit dem übertragenen Werten regulär weiterlaufen. Die Programmierung der Bypass-Funktionen wird in Assembler-Code umgesetzt. Nach Vorgabe dieser Anweisung ruft der Befehlssatzsimulator die Bypass-Funktion anstelle der ursprünglichen Funktion auf.

Abschließend wird durch Einsatz der ChipSim-Toolkette [109, 100] von Synopsys (ehemals QTronic) auf Grundlage der Prozessbeschreibung und der aufgeführten steuergeräte-spezifischen Beschreibungsdateien eine .mexw64-Datei erzeugt. Diese lässt sich in der Simulink-Umgebung von MATLAB als S-Function einbinden und im Verbund mit der Triebstrangsimulation ausführen. Finalisiert weist die virtualisierte Getriebesteuerung in Summe 101 zyklische Tasks, 483 Eingänge und 53 Ausgänge auf. Des Weiteren sind 249 Bypass-Funktionen verwirklicht. Eine integrierte XCP-Schnittstelle ermöglicht den standardisierten Applikationszugriff auf den internen Datensatz.

4.2.2 Modellbildung

Die Behandlung der Modellbildung beinhaltet sämtliche Bestandteile zur echtzeitfähigen Ausführung der längsdynamischen Gesamtfahrzeugsimulation. Zunächst erfolgt, ausgehend von der eintriebsseitigen Momentenbildung und hin zu den Rädern, eine explizite Beschreibung der umgesetzten Inhalte. Eine gesamtheitliche Darstellung des Fahrzeugmodells schließt diese Ausführungen zusammenfassend ab.

Eintrieb
Verbrennungskraftmaschine: Verbrennungsmotoren sind Wärmekraftmaschinen, welche die in fossilen Energieträgern gespeicherte chemische Energie in mechanische Energie und Wärme wandeln. Diese dienen als Momentenquelle für den folgenden Antriebsstrang und somit zur Fortbewegung des Fahrzeugs. In der Fahrzeugtechnik sind diese weitestgehend als Kolbenmotoren ausgeführt, in welchen der Verbrennungsprozess nach dem Otto- oder Diesel-Prinzip realisiert wird. Der infolge der Zündung (Selbst- oder Fremdzündung) hervorgerufene Gasdruck, durch Verbrennung des im Brennraum befindlichen Kraftstoff-Luft-Gemisches, resultiert in einer Bewegung des Kolbens. Die translatorische Kolbenbewegung im Brennraum wird anschließend über die Pleuelstange und die Kurbelwelle in eine Rotationsbewegung überführt. Der Kreisprozess derartiger Verbrennungskraftmaschinen wird durch den sequentiellen Ablauf der Prozessschritte Ansaugen, Verdichten, Verbrennen und Ausstoßen definiert. Allerdings wird lediglich während der Verbrennungsphase positives Moment abgegeben, in allen anderen Phasen ist die Momentenabgabe negativ. Infolgedessen werden Drehmomentschwankungen induziert, deren Frequenz und Amplitude wiederum von Bauart, Zylinderanzahl und Lastpunkt abhängt.

In [108] ist eine Einteilung bzgl. der Modellkomplexität in einfache und erweiterte Mittelwertmodelle, Schwingungsmodelle und Motorprozessmodelle gegeben. Mittelwertmodelle vernachlässigen genannte Drehmomentpulsationen und bilden ausschließlich das mittlere abgegebene Moment über ein Arbeitsspiel nach [111]. Dieses mittlere Drehmoment wird aus Motorkennfeldern auf Grundlage der angeforderten Last und einer stationären Drehzahl gebildet. Innerhalb der Kennfelder stellt die Volllastkennlinie die obere Grenze des abgegebenen Momentes dar, die Schleppkurve mit negativem Moment definiert darin die untere Grenze. Ermitteln lassen sich derartige Kennfelder durch detaillierte Motorprozessrechnungen oder durch Prüfstandsversuche. Werden Mittelwertmodelle um instationäre Übertragungsglieder erweitert und hingehend dynamischer Messungen abgestimmt, so lässt sich eine realistischere Darstellung der Systemantwort des Motors erreichen [71, 108]. Insbesondere von Interesse ist die Darstellung der Saugrohr- und Turbolader-Dynamik, das zeitliche Übertragungsverhalten des Fahrzeugnetzwerkes, sowie Totzeiten aufgrund steuergeräteinterner Berechnungen.

Motorschwingungsmodelle dienen der mathematischen Darstellung der erläuterten Schwankungen im abgegebenen Motormoment als Funktion der Kurbelwinkelposition. Die Bildung des Momentes erfolgt unter Einbeziehung der geometrischen und somit dynamischen Zusammenhänge innerhalb des Kurbeltriebs und der vorhandenen Massen- und Gaskräfte. Um diese Schwankungen im Momentenverlauf vom Triebstrang zu entkoppeln, werden beispielsweise Zwei-Massen-Schwungräder zur rotatorischen Schwingungsdämpfung eingesetzt.

Motorprozessmodelle dienen der Berechnung innermotorischer Verbrennungsvorgänge und unterscheiden sich teilweise deutlich hinsichtlich der erforderlichen Rechenzeit und des Detaillierungsgrades. Zu den Berechnungsbestandteilen dieser Ansätze zählen beispielsweise physikalische und chemische Phänomene wie Strahlausbreitung, Gemischbildung, Zündung und Reaktionskinetik [111]. Das Spektrum dieser Modellansätze reicht über einfache nulldimensionale (thermodynamische) Modelle, welche eine ideale Durchmischung im Brennraum annehmen, hin zu komplexen dreidimensionalen CFD-Modellen, welche die Flammausbildung im turbulenten Strömungsfeld des Brennraums explizit darstellen. Dazwischen lassen sich phänomenologische Ansätze einordnen, welche den Brennraum in Zonen unterschiedlicher Temperaturniveaus und Gemischzusammensetzungen aufteilt und sich somit als quasidimensionale Modelle bezeichnen lassen.

Vor dem Hintergrund dieser Ausführungen und hinsichtlich des hohen Ressourcenbedarfs der Modellabstimmung und Rechenkapazitäten stellen Motorprozessmodelle im Rahmen der vorliegenden Untersuchungen somit keine geeignete Wahl dar. Der Einsatz von Schwingungsmodellen wird ebenfalls ausgeschlossen, da sich die hieraus resultierenden Schwingungsphänomene im regulären Drehzahlbereich nicht im fahrbarkeitsrelevanten Frequenzbereich bewegen und infolge von Torsionsdämpfern weiter getilgt werden [108]. Die Umsetzung der Momentenbildung erfolgt somit auf Grundlage eines Mittelwertmodellansatzes. Da insbesondere vor dem Hintergrund der Fahrbarkeit das dynamische Verhalten des Motors von Interesse ist, erfährt das Mittelwertmodell Erweiterungen zur transienten Momentenabgabe.

Neben der Momentenerzeugung ist der Motor in Verknüpfung mit dem weiteren Triebstrang ebenfalls Bestandteil des schwingungsfähigen Gesamtsystems. Aufgrund der sich bewegenden Komponenten im Kurbeltrieb resultiert ein auf die Kurbelwelle bezogenes oszillierendes Massenträgheitsmoment, welches sich aus einem statischen und einem dynamischen Anteil zusammensetzt. Der dynamische Anteil bildet jedoch eine vergleichsweise geringe hochfrequente Schwankung im Vergleich zum statischen Anteil [96]. Infolgedessen wird aufgrund der niederfrequenten Betrachtung des Triebstrangs ein konstantes mittleres Massenträgheitsmoment des Motors angenommen. Des Weiteren sind modelltechnisch Software-Funktionalitäten realisiert. Hierzu zählen Leerlaufregelung, Drehzahlbegrenzung, Schubabschaltung und die gezielte Momentenreduzierung durch Motoreingriffe seitens der Getriebesteuerung.

Triebstrang
Kupplung: Kupplungen dienen als Elemente zum Drehzahlangleich und ermöglichen das Anfahren konventioneller Triebstränge, sowie die Drehzahlüberführung infolge eines Gangwechsels. Der strukturelle Aufbau einer Kupplung besteht im Wesentlichen aus einer Antriebs- und einer Abtriebsseite. Die Kopplung dieser beiden Seiten wird durch Reibelemente hergestellt, über welche ein zur Anpresskraft proportionales Drehmoment übertragen wird. Moderne Doppelkupplungsgetriebe sind mit einem Hydrauliksystem ausgestattet, welches die notwendige Betätigungskraft bereitstellt [45].

Infolge dieser reibschlüssigen Verbindung lassen sich die Betriebszustände offen bzw. schlupfend und geschlossen ableiten. Solange sich die Kupplung im erstgenannten Zustand befindet, lässt sich eine Drehzahldifferenz zwischen An- und Abtrieb einstellen. Im geschlossenen Zustand findet ein Übergang von Gleit- zur Haftreibung statt, wodurch sich die Drehzahlen der beiden Seiten angleichen. Hinsichtlich der Modellbildung findet durch den Drehzahlausgleich ein unstetiger Funktionsübergang statt, welcher das numerische Systemverhalten beeinflussen kann. Insbesondere durch Einsatz von numerischen Lösungsverfahren mit fester Schrittweite, welche in Echtzeitsimulationen häufig zum Einsatz kommen, besteht das Risiko, dass der Punkt des Drehzahlangleichs nicht exakt getroffen wird.

Infolge der Wirkrichtungsumkehr des angreifenden Moments kann ein ungewolltes Schwingungsverhalten um diesen Punkt induziert werden. Die Behandlung dieses Übergangsverhaltens kann durch strukturinvariable, strukturvariable oder Reibmodell-Ansätze erfolgen [108].

Strukturinvariable Ansätze behandeln diese Unstetigkeit, indem der Zustandsübergang durch eine stetig differenzierbare Funktion approximiert wird. Durch diese Funktionsglättung lassen sich wiederum kritische Triebstrangschwingungen infolge numerischer Instabilität vermeiden und somit Konvergenz erzielen, da sich ein stetiger Momentenverlauf einstellt. Die Eliminierung dieser Unstetigkeitsstelle reduziert die Systembeschreibung allerdings auf eine reine Betrachtung des schleifenden Zustandes. Folglich kann kein exakter Drehzahlangleich zwischen An- und Abtriebsseite mit Hilfe dieses Ansatzes erzielt werden.

Ein strukturvariabler Ansatz bildet die Fallunterscheidung der Kupplungszustände explizit ab. Es liegt im geschlossenen Fall somit keine Differenzdrehzahl vor. Diese Fallunterscheidung lässt sich auf Grundlage definierter Grenzdrehzahlen durchführen. Zur numerischen Stabilisierung lässt sich die Zustandserkennung durch Trajektorienberechnung der Differenzdrehzahl und des Eingangsmomentes vorherbestimmen und somit das Verhalten der Drehzahl im Zustandswechsel gezielt manipulieren [108].

Vorangegangene Ansätze nutzen zur Beschreibung des Reibverhaltens schlupfabhängige Reibkennlinien. Reibmodelle dienen der expliziten Darstellung der sich einstellenden Phasen des Reibungsverhaltens infolge der Kupplungsbetätigung. Das bedeutet, ausgehend von viskoser Reibung im offenen Zustand, über Festkörpergleit- und Mischreibung, hin zur Haftreibung im geschlossenen Zustand [45]. Dies resultiert allerdings in einem erhöhtem Aufwand zur Modellabstimmung. Da weiterhin durch den Einsatz eines Reibmodells, trotz erhöhter Komplexität, numerische Instabilität im Zustandsübergang nicht ausgeschlossen werden und sich das resultierende Frequenzverhalten oberhalb des fahrbarkeitsrelevanten Bereichs befindet, wird dieser Ansatz nicht weiter betrachtet. Anwendung findet ein strukturvariabler Ansatz auf Grundlage von [108].

Übersetzungsgetriebe: Getriebe dienen der Übersetzung von Drehzahl und Drehmoment zwischen Motor und dem folgenden Triebstrang. Der Einsatz von Getrieben mit mehrstufiger Übersetzung ermöglicht die Nutzung des eingeschränkten Drehzahlbereichs des Motors über einen weiten Geschwindigkeitsbereich hinweg. Simultan zur Erläuterung hinsichtlich der Kupplungsmodelle lässt sich nach [108] die Übersetzungsstufe im Getriebe ebenfalls strukturvariabel und-invariabel gestalten. Aufgrund der Betrachtung eines Doppelkupplungsgetriebes und somit zur Abbildung von Überschneidungsschaltungen ist die Umsetzung eines strukturvariablen Ansatzes erforderlich.

Dieser Ansatz bedingt eine Fallunterscheidung hinsichtlich der Zustände offen und geschlossen bzw. synchronisiert. Im offenen Zustand wird für die Ein- und Ausgangsseite lediglich die zugehörige Drehbeschleunigung, das anliegende Moment und das Trägheitsmoment betrachtet. Im geschlossenen Fall wird der Drehzahlangleich auf den neuen Gang durch ein Synchronmoment realisiert, welches gleichermaßen auf die Differentialgleichungen der beiden Seiten wirkt. Zur Realisierung der Überschneidungsschaltung werden weiterhin zwei getrennt ansteuerbare Kupplungen und somit zwei Leistungspfade umgesetzt [108]. Weiterhin erfolgt eine Umsetzung der gangabhängigen Trägheitsmomente sowie des betriebspunktabhängigen Wirkungsgrades. Aufgrund der Einbindung der virtualisierten Getriebesteuerung entfällt die Notwendigkeit zur modelltechnischen Umsetzung von Funktionalitäten zur Ansteuerung der Aktuatorik oder zur Schaltpunktwahl.

Aktuatorik: In hydraulischen Systemen werden Schalt- und Proportionalventile zur Aktuatorik eingesetzt [45]. Diese wirken wiederum auf ein Druckventil, welches den Arbeitsdruck für die Kupplungszylinder bereitstellt. Durch Rückstellfedern im Zylinder wird ein definierter Ausgangszustand erreicht. Die Ansteuerung eines Proportionalventils erfolgt durch ein pulsweitenmoduliertes (PWM) Signal , welches auf einen darin befindlichen Transistor wirkt. Als weiteres wesentliches Element des Aktuators ist das Magnetventil zu nennen. Solange der Transistor leitend ist, fließt Strom durch diese Spule und speichert elektrische Energie. Infolgedessen fließt auch weiterhin Strom, wenn der Transistor nicht mehr leitend ist, wodurch sich in zeitlicher Betrachtung im Mittelwert ein konstanter Strom in der Spule einstellt. Dieser sich einstellende Strom ist wiederum proportional vom Tastverhältnis des PWM-Signals abhängig. Regelungstechnisch wird der Iststrom der Spule erfasst und gegen einen Sollwert geregelt [45]. Da die Aufgabe der Stromregelung durch das virtualisierte Steuergerät übernommen wird, bildet die elektrohydraulische Aktuatorik eine wesentliche Schnittstelle zwischen der virtuellen Getriebesteuerung und dem Triebstrangmodell.

Hinsichtlich der Modellbildung ist somit eine Übersetzung des effektiven Stromes und des Systemdruckes zu realisieren. Dies lässt sich durch vermessene Kennlinien des Ventils erreichen und hat den Vorteil der einfachen Umsetzbarkeit und des geringen Rechenzeitbedarfs. Allerdings wird dadurch das Füllverhalten des

Kupplungszylinders und die Systemdynamik der Hydraulik vernachlässigt [108]. Änderungen des Stromes wirken somit direkt proportional auf den resultierenden Systemdruck. Wird ein derartiges Kennlinienmodell um ein PT2-Übertragungsglied erweitert [91], so lässt sich ein realitätsnahes Systemverhalten erreichen und ermöglicht die Betrachtung von Überschneidungsschaltungen [108]. Allerdings erfolgt auch mit diesem Ansatz keine Berücksichtigung der Zylindervorbefüllung und somit keine detaillierte Betrachtung der Kupplungsbetätigung.

Eine Einteilung der einzelnen Phasen zur Kupplungsbetätigung lässt sich hinsichtlich der Vorbefüllung, der Verstellung und Anpressung vornehmen. Diese Phasen lassen sich in Abhängigkeit der Position des Hydrauliköls im Zylinder bestimmen. Der initiale Weg, ausgehend von der Ausgangslage, bis das Öl gegen den Kolben und somit gegen die Federn drückt, kennzeichnet die Vorbefüllungsphase. Mit zunehmendem Druck wird die Verstellungsphase erreicht. Diese wirkt solange, bis an den Reiblamellen eine nennenswerte Kraftübertragung stattfinden kann, der sogenannte Touch-Point. Anschließend beginnt die Anpressphase der Kupplung. Durch Bildung eines inkompressiblen Volumenmodells des Kupplungszylinders lassen sich diese Phasen simulativ darstellen [108]. Dieses erweitert die zuvor diskutierten Ansätze um die Betrachtung der Fluidausbildung im Zylinder, woraus eine realitätsnahe Abbildung der genannten Arbeitsbereiche resultiert.

Die virtualisierte Getriebesteuerung erfordert zur Regelung der Kupplungen Kenntnis über die vorliegenden Arbeitsphasen der Zylinder. Des Weiteren führt diese, für eine optimale Ansteuerung im laufenden Betrieb, selbstständig Adaptionsroutinen zum Erlernen der aktuellen Position des Touch-Points durch und speichert diesen im nichtflüchtigen Speicher. Aus der Ansteuerungsphase resultiert letztendlich das angreifende Kupplungsmoment im Gangwechsel und ist somit relevant im Kontext der Fahrbarkeit. Infolgedessen wird ein inkompressibles Volumenmodell umgesetzt.

Der Einsatz eines kompressiblen Modellansatzes wird nicht verfolgt. [108] zeigt, dass sich durch diesen der Beginn der Vorbefüllung geringfügig detaillierter nachbilden lässt. Aufgrund der geringen Kompressibilität des Fluids entsteht allerdings ein steifes Differentialgleichungssystem mit hohen Eigenfrequenzen. Dies erfordert zur simulativen Lösung die Wahl sehr kleiner Rechenschrittweiten, was sich nachteilig auf die Echtzeitfähigkeit auswirkt [30].

Torsionselastische Wellen: Verdrehelastische Elemente dienen der Kopplung der einzelnen Triebstrangkomponenten und ermöglichen die Übertragung von Drehzahl und Drehmoment. Im vorliegenden Fall sind das die Seitenwellen der Hinterachse und die Gelenkwelle. Aus den Massenträgheitsmomenten der einzelnen Komponenten und aus den Torsionssteifigkeiten und -dämpfungen der Wellen sowe des Zwei-Massen-Schwungrades lässt sich maschinendynamisch ein schwingungsfähiges Mehrkörpersystem ableiten. Da Lastwechselreaktionen Schwingungen im Triebstrang anregen können, bedarf es für diese Elemente einen erhöhten Abstimmungs- und Modellierungsaufwand.

Infolge der vergleichsweise geringen Verdrehsteifigkeit, bezogen auf die Gesamtsteifigkeit des Antriebstranges, weisen die Seitenwellen im Fahrzeug den größten Einfluss auf das Schwingungsverhalten auf [45, 96]. Basierend darauf wird ein Ansatz zur Ersatzmodellbildung nach [96] umgesetzt, wodurch sich nahezu die gesamte Torsionssteifigkeit und -dämpfung des Triebstrangs in diesem Bereich zusammenfassen lässt. Weiterhin ist dieser geeignet zur hinreichend genauen Darstellung der ersten Eigenform des Triebstrangs, den Ruckelschwingungen. Diese liegen im Frequenzbereich von 2-8 Hz [204] und sind somit von den Fahrzeuginsassen wahrnehmbar [61]. Es wird allerdings keine vollständige Reduktion auf ein Zweimassen-Modell verfolgt, aufgrund der Doppelkupplungskonfiguration erfahren diese Elemente keine weitere Vereinfachung [87].

Hinterachsdifferential: Die Modellierung des Achsdifferentials wird in vereinfachter Form umgesetzt. Aufgrund des längsdynamischen Ansatzes wird lediglich eine gleichmäßige Verteilung des Antriebsmoments an beide Räder, der Wirkungsgrad und die Achsübersetzung betrachtet. Die Funktionsweise von Achsdifferentialen zur Drehzahlanpassung in Kurvenfahrten oder der Momentenübertragung bei unterschiedlichen Haftreibungsbeiwerten an den Reifen (μ-Split), findet für das vorliegende Gesamtfahrzeugmodell keine Betrachtung.

Räder
Bremsen: Eine detailgetreue Nachbildung der physikalischen Eigenschaften der Radbremsen spielt für die folgenden Komfortbetrachtungen der Gangwechsel lediglich eine untergeordnete Rolle. Dennoch werden sämtliche Elemente modelliert, um dem Fahrzeug Verzögerungs- und Halte-Manöver zu ermöglichen.

Der Aufbau des am Rad wirkenden Bremsmoments entsteht aufgrund von Reibung. Der Einsatz eines einfachen Coulomb-Reibungsmodells ist allerdings nicht zielführend, da dieses bei Stillstand des Rades nicht definiert ist. Infolgedessen ist ein erweitertes Reibungsmodell [144, 145] umgesetzt. Dieses vermeidet numerische Instabilitäten im Bereich des stehenden Rades, indem es diesen Übergang linearisiert. Des Weiteren werden damit statische und maximale Bremsmomente betrachtet.

Zusätzlich wird eine Verteilung der Bremsmomente zwischen den Achsen und eine Momentenbegrenzung der Hinterachse umgesetzt. Durch Letzteres lassen sich die Momente an eine ideale Verteilungskurve des Fahrzeugs anpassen.

Reifen: Reifen stellen das direkte Bindeglied zwischen Fahrzeug und Fahrbahn dar und sind verantwortlich für die Kraftübertragung. Reifenkräfte entstehen aufgrund der Schub- und Normalspannungsverteilung im Reifenlatsch. Diese sind wiederum abhängig von der Radaufstandskraft F_N, der kinematischen Beanspruchung und dem Reibverhalten μ zwischen Reifen und Straße. Die Charakteristik des Reibverhaltens wird im Wesentlichen durch eine μ-Schlupf-Kurve beschrieben [28]. Der Haftreibungsbeiwert steigt hierbei beginnend vom Koordinatenursprung mit zunehmendem Schlupf zunächst annähernd linear an. Mit dem Übergang aus dem Bereich der Haftreibung in die Gleitreibung zeigt sich ein nichtlinearer Anstieg bis der maximale Reibbeiwert μ_{max} erreicht wird. Aus einer weiteren Zunahme des Reifenschlupfes folgt ab diesem Punkt eine Reduzierung des Reibbeiwertes.

Eine Übersicht hinsichtlich der Detailierungstiefe von Reifenmodellen ist in [26] gegeben. Diese nimmt ausgehend von mathematisch-empirischen Ansätzen, über 2D- und 3D-, hin zu FEM-Modellansätzen, stetig zu. Zur Darstellung des nichtlinearen Kraftübertragungsverhaltens, der Gewährleistung der Echtzeitfähigkeit und aufgrund untergeordneten Interesses von Schwingungsphänomenen innerhalb des Reifens, wird ein semi-empirischer Magic-Formula-Modellansatz nach [131] umgesetzt.

Aus diesem resultiert für jeden Reifen eine parametrierbare Funktion des Haftbeiwertes μ in Abhängigkeit des Reifenschlupfes. Hieraus folgt allerdings lediglich eine statische Beschreibung des Haftbeiwertes, bzw. der Reifenkräfte. Aufgrund der Eigenschaften des Gummis benötigen Reifen eine gewisse Zeit, genauer eine gewisse Einlauflänge [62], um infolge einer Änderung mit einem entsprechenden Kraftaufbau zu reagieren. Nach [82] lässt sich das dynamische Reifenverhalten mit einem PT1-Glied verwirklichen und wird auf dieser Grundlage realisiert. Aufgrund der Umsetzung einer rein längsdynamischen Gesamtfahrzeugsimulation erfolgt keine Betrachtung von Effekten bei überlagerten Kraftverhältnissen in Längs- und Querrichtung (Kamm'scher Kreis [159]).

Umgebung
Fahrer: Aufgrund der längsdynamischen Betrachtungen in dieser Arbeit liegt die Aufgabe des Fahrers darin, einer vorgegebenen Geschwindigkeitstrajektorie zu folgen. Das Soll-Geschwindigkeitsprofil kann dem Fahrer als Funktion der Zeit

oder des Weges vorgegeben werden. Die Ausgabe des Fahrers ist eine von der Fahrsituation abhängige Fahr- oder Bremspedalposition. Es erfolgt keine Betrachtung der Kupplungsposition und somit keine Behandlung von virtuellen Triebsträngen mit manuellem Schaltgetriebe.

Die Struktur des Fahrermodells beinhaltet eine prädiktive PI-Regelung mit Vorsteuerung. Der prädiktive Anteil in dieser Regelung dient der Vorhersage einer zukünftigen Geschwindigkeitsabweichung. Diese Abweichung wird durch Bildung einer prognostizierten Geschwindigkeit v_{prog} in Abhängigkeit einer geschwindigkeitsabhängigen Vorausschauzeit t_{prog} und der aktuellen Beschleunigung a_{ist} ermittelt:

$$v_{prog} = v_{ist} + a_{ist} \cdot t_{prog} \qquad \text{Gl. 4.8}$$

Damit resultiert die prognostizierte Geschwindigkeitsabweichung aus der Differenz mit einer Sollgeschwindigkeit in diesem Vorausschau-Horizont. Durch diesen prädiktiven Ansatz soll eine zu späte Reaktion des Fahrers aufgrund der dynamischen Trägheit der Regelstrecke verhindert werden.

Die Vorsteuerung wird durch ein inverses Fahrzeugmodell umgesetzt. Dieses bildet auf Grundlage der aktuell vorliegenden Fahrsituation und des betrachteten Fahrzeugs die daraus resultierenden Fahrwiderstände. Diese dienen dem inversen Modell als Eingangsgröße, welches eine notwendige Fahrerreaktion zur Bewältigung der Widerstände ausgibt. Der resultierende Fahrerwunsch setzt sich aus den jeweiligen Anteilen der PI-Regelung und der Vorsteuerung zusammen.

Für eine realitätsnahe Ausgabe der Pedalstellungen lassen sich Pedalwechselzeiten, Soll-Geschwindigkeitskorridore und Gradientenbegrenzungen in Abhängigkeit des Fahrertyps parametrieren. Pedalwechselzeiten beschreiben ein Totzeit-Element, welches verhindert, dass Pedalwechsel innerhalb eines Simulationszeitschrittes und somit unrealistisch schnell durchgeführt werden. Wird das Fahrzeug in einem tolerierbaren Geschwindigkeitskorridor bewegt, so hält das Modell, ähnlich wie ein realer Fahrer, eine konstante Pedalstellung ein. Gradientenbegrenzungen sollen unrealistisch schnelle Vorgaben von Fahr- und Bremspedal vermeiden.

Wird dem Modell keine Solltrajektorie vorgegeben, so ist dieses selbstständig in der Lage in Abhängigkeit eines Routenverlaufs eine Geschwindigkeitsvorgabe zu generieren. Dieses Profil resultiert aus einer Minimalwertbildung mehrerer geschwindigkeitsbegrenzender Einflüsse. Die naheliegendste Einschränkung ist zunächst die Geschwindigkeitslimitierung aufgrund der Straßenverkehrsordnung. Existiert keine gesetzliche Vorgabe, so lässt sich in diesem Fall der Fahrertyp entsprechend einer Wunschgeschwindigkeit parametrieren. Des Weiteren lässt sich dem Modell zur Charakterisierung der Fahreigenschaften ein persönliches Beschleunigungsprofil in Längs- und Querrichtung hinterlegen. Dieses beschreibt das Fahrerverhalten in Situation überlagerter Beschleunigungen, somit also das Befahren von Krümmungen. Je weniger überlagerte Beschleunigung durch den Fahrer zugelassen wird, desto geringer fällt die Wunschgeschwindigkeit in Kurven aus.

Durch Integration einer Co-Simulationsschnittstelle zwischen der umgesetzten SiL-Umgebung in MATLAB/Simulink und der mikroskopischen Verkehrssimulation SUMO (Simulation of Urban MObility [102]) wird dem Fahrer die Interaktion mit anderen Verkehrsteilnehmern ermöglicht. Dabei werden beide Simulationsplattformen zeitsynchron ausgeführt. Zu jedem Zeitschritt wird die aktuelle Fahrzeugposition von Simulink an SUMO übertragen, worin die Position eines entsprechenden EGO-Fahrzeugs aktualisiert wird. Demgegenüber liest das EGO-Fahrzeug die aktuell vorliegende Verkehrssituation ein und übermittelt diese an den virtuellen Fahrer der SiL-Simulation. Zu diesen Informationen zählen beispielsweise Abstand und Zustand voraus liegender Lichtsignalanlagen oder die Positionen und Geschwindigkeiten der Verkehrsteilnehmer im Umkreis des EGO-Fahrzeugs. Auf Grundlage dieser Informationen wird die Sollgeschwindigkeit durch das Fahrermodell zur Laufzeit angepasst. Eine detaillierte Übersicht des Ablaufs der Co-Simulation ist in Anhang A.8 gegeben.

Wird die Simulationsumgebung im Fahrsimulator eingesetzt, so erfolgt eine Ausbedatung des modellierten Fahrers. Die Schnittstelle wird seitens des Fahrzeugmodells an den entsprechenden Signalen der Fahrpedale gesetzt. Die notwendigen Stimuli werden durch einen realen Fahrer im Simulator generiert.

Szenariodefinition: Existiert keine aufgezeichnete Geschwindigkeitstrajektorie zur simulativen Nachfahrt, so wird ein Prozess zur synthetischen Erzeugung realer Streckendaten umgesetzt. Die automatisierte Gewinnung dieser Daten wird insbesondere durch die intensive Nutzung webbasierter APIs ermöglicht [95].

Die Erstellung des Szenarios erfolgt vor der eigentlichen Simulation (Pre-Processing) auf Grundlage eines geodätischen Datensatzes. Diese stellen Wegpunkte einer Route in Bezug zu dessen Position auf den Längen- und Breitengraden auf der Erde dar. Weiterhin lassen sich vermessene sowie generierte Routen der Karten-Dienste Google Maps [55] und HERE Maps [64] weiterverarbeiten. Im Rahmen des Pre-Processings werden die APIs der Dienste OpenStreetMap bzw. Overpass

[130], HERE Maps [64] und OpenWeatherMap [129] eingesetzt und die Datensätze SRTM-C [43] und SRTM-X [195] verarbeitet. Damit werden für jeden Wegpunkt der gewünschten Route das zugehörige Höhenprofil bestimmt, Straßen- und Verkehrsinformation gesammelt, sowie aktuelle Wetterinformationen ermittelt. Des Weiteren lassen sich fehlerhaft (aufgrund von GPS-Ungenauigkeiten) vermessene Routen durch den Einsatz der Programmierschnittstelle von OpenRouteService [128] vorab automatisiert korrigieren.

Aus diesem generierten Datensatz wird anschließend ein wegabhängiges Streckenmodell erstellt, welches der SiL-Simulation übergeben wird. Das Streckenmodell profitiert weiterhin durch die Integration der zuvor beschriebenen Schnittstelle zu SUMO, aufgrund der simulativen Darstellung von Fremdverkehr auf realen Strecken.

Fahrwiderstände: Die notwendige Zugkraft F_x, um ein Fahrzeug der Masse m_{Fzg} in Längsrichtung zu bewegen, resultiert aus der Summe der angreifenden Fahrwiderstände. Nach [114] sind diese Widerstände folgend definiert:

Summe der Rollwiderstände: $F_{R,x} = \sum f_R \cdot F_{N,Reifen}$

Luftwiderstand: $F_{L,x} = \frac{1}{2}\rho_{Luft} \cdot v_x^2 \cdot c_w \cdot A_{Fzg}$

Steigungswiderstand: $F_{S,x} = m_{Fzg} \cdot g \cdot sin(\alpha_S)$

Beschleunigungswiderstand: $F_{B,x} = m_{Fzg} \cdot a_x$

Durch Bilanzierung der Kräfte ergibt sich somit:

$$F_x = F_{R,x} + F_{L,x} + F_{S,x} + F_{B,x} \qquad \text{Gl. 4.9}$$

Die Zugkraft setzt sich weiterhin aus der Summe aller in Längsrichtung vorliegenden Kräfte $F_x = \sum \mu_{Reifen} F_{N,Reifen}$ der Reifenmodelle zusammen. Die aufgestellte Kräftebilanz in Gl. 4.9 beinhaltet lediglich den translatorischen Anteil, welcher zur Beschleunigung eines Fahrzeugs notwendig ist. Die Betrachtung der Beschleunigungskräfte zur Überwindung der rotatorischen Trägheiten des Fahrzeugs erfolgt in den jeweiligen Teilmodellen separat.

Gesamtheitliche Betrachtung der Modellstruktur
Auf Grundlage der vorangegangen Ausführungen lässt sich aus den einzelnen Teilkomponenten ein Gesamtfahrzeugmodell für längsdynamische Untersuchungen ableiten. Zur Betrachtung transienter Schwingungsereignisse wird der Berechnungsablauf in Form einer vorwärtsgerichteten Simulation durchgeführt. Der sequentielle

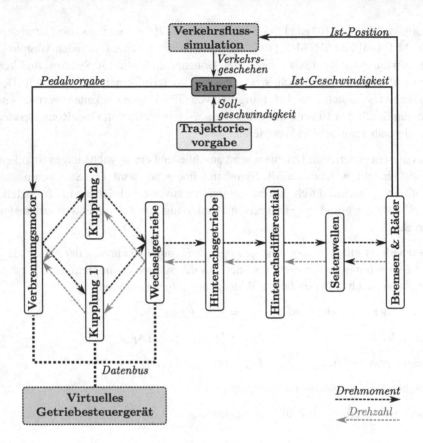

Abbildung 4.9: Modell- und Simulationsstruktur zur längsdynamischen Gesamtfahrzeugsimulation eines konventionellen Triebstrangs mit Heckantrieb

Simulationsablauf entspricht somit, ausgehend von einem Fahrerwunsch, dem
realen Momentenverlauf im Triebstrang [190]. Aus der Systemantwort der zugrun-
deliegenden physikalischen Modelle resultiert eine dynamische Ausbildung des
Momenten- und daraus des Beschleunigungsverlaufs. Die Bildung des Drehzahlsi-
gnals erfolgt auf Grundlage des Drallsatzes und der am Rad anliegenden Antriebs-
und Widerstandsmomente. Dieses wird anschließend ausgehend von den Rädern,
über die Elemente des Triebstrangs, hin zum Motor übersetzt. Der Drehzahlfluss
ist dem Momentenfluss entgegengesetzt. Zur Vermeidung algebraischer Schleifen
erfolgt die Bildung der Drehzahl zeitlich versetzt zur Momentenbildung.

Das Schema der Gesamtfahrzeugsimulation ist in Abbildung 4.9 skizziert. Modelliert ist ein konventioneller Triebstrang mit Doppelkupplungsgetriebe und Hinterachsantrieb. Dieser dient als Versuchsträger für die folgenden Untersuchungen. Das virtuelle Steuergerät, die Verkehrsflusssimulation SUMO und das Fahrzeugmodell in Simulink werden unabhängig voneinander mit individuellen Solvern und Rechenschrittweiten ausgeführt. In der gesamtheitlichen Betrachtung wird somit eine Co-Simulationsumgebung umgesetzt. Die Simulink-Simulation fungiert darin als Master und folglich als Taktgeber der weiteren Simulationsumgebungen.

In Offline-Simulation bildet das Fahrzeugmodell in Kombination mit dem selbstlernenden Ansatz eine Plattform zur objektiven Steuergeräte-Applikation. Das umgesetzte Fahrermodell übernimmt hierfür die notwendige Regelung des Fahrzeugs. Die Ausführung des Triebstrangs auf Echtzeitrechnern ermöglicht die Integration in eine Fahrsimulatorarchitektur. Wird das Fahrermodell durch einen realen Fahrer ersetzt, so lassen sich subjektive Aussagen über Datensatz-Applikationen treffen.

4.2.3 Validierung der Gesamtfahrzeugsimulation

Zur Evaluation der Leistungsfähigkeit hinsichtlich der Repräsentation subjektiver Eindrücke, welche aus der Applikation der Getriebesteuerung resultieren, erfolgt ein Abgleich der SiL-Simulation mit realen Messfahrten. Der Programm- und Datenstand des Steuergerätes im Versuchsfahrzeug ist identisch zu dessen Virtualisierung. Des Weiteren weist das simulierte Fahrzeug durch Anpassung der relevanten Kenngrößen (Gewicht, Abmaße, Reifenparameter, Trägheitsmomente, Aerodynamikkennwerte, usw.) im Rahmen der Modellgenauigkeit die identischen Eigenschaften des Testfahrzeugs[29] auf. Eine detailliertere Behandlung der Fahrzeugeigenschaften ist für die folgenden Untersuchungen nicht von Relevanz, da der Optimierungsalgorithmus allgemeingültig im Kontext des Frontloadings eingesetzt werden kann und somit das Fahrzeug lediglich als beispielhafter Versuchsträger dient.

Als subjektiv wahrnehmbare Ereignisse eines Automatikgetriebes können die durchgeführten Gangwechsel während einer Fahrt sowie die Durchführung der Schaltphase genannt werden. Zur Untersuchung des erstgenannten Ereignisses dient eine Versuchsfahrt im inner- und außerstädtischen Bereich mit ausgeprägter Topologie (siehe hierzu Abbildung 4.10). Aufgrund abwechselnder Geschwindigkeitsbereiche,

---

[29] Die charakteristischen Eigenschaften sind hierzu in Tabelle A.2 im Anhang aufgeführt.

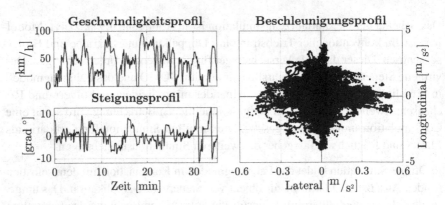

Abbildung 4.10: Aufgezeichnetes Fahrprofil einer Testfahrt im inner- und außerstädtischen Bereich

Interaktion mit anderen Verkehrsteilnehmern sowie variierender Steigungsgradienten ist in diesen Bereichen, im Gegensatz zu einer konstanten Autobahnfahrt, ein erhöhter Schaltbetrieb des Getriebes zu erwarten. Als unkomfortabel oder unruhig können infolgedessen häufige Gangwechsel in kurzer Zeit wahrgenommen werden. Zur Quantifizierung dieses Phänomens wird an dieser Stelle der Begriff der Schaltpendelneigung eingeführt, welcher durch

$$Schaltpendelneigung = \frac{\sum Schaltungen_{\Delta t \leq \Delta t, akzeptabel}}{\sum Schaltungen_{gesamt}} \qquad \text{Gl. 4.10}$$

definiert ist. Dieser beschreibt das Verhältnis von Schaltungen mit sehr kurzer Haltedauer in Bezug auf die Summe aller durchgeführten Schaltungen. Für den vorliegenden Abgleich ist die akzeptable Haltezeit $\Delta t, akzeptabel$ mit 4 Sekunden parametriert. In Abbildung 4.11 sind die Ergebnisse von Messung und Simulation vergleichend dargestellt. Es sind jeweils die Resultate der Testfahrt mit sämtlichen aktivierten und deaktivierten Zusatzfunktionen abgebildet. Es handelt sich hierbei um implementierte Funktionen der Getriebesteuerung, welche Schaltungen aufgrund bestimmter Situationen verhindern sollen. Hierzu zählen beispielsweise Bergfahrten oder zügige Änderungen der Fahrpedalposition. Sind sämtliche Funktionen deaktiviert, so ergibt sich die Gangwahl lediglich auf Grundlage der aktuellen Fahrgeschwindigkeit und der Fahrpedalanforderung im Schaltkennfeld. Zunächst zeigt sich, dass im vorliegenden Szenario die Gangwahl durch diese Zusatzfunktionen durchaus signifikant beeinflusst wird. Aus dem Vergleich resultiert, dass sich durch Kopplung von virtualisiertem Steuergeräte-Code und abgestimm-

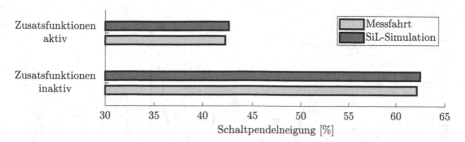

Abbildung 4.11: Vergleich der resultierenden Schaltpendelneigung zwischen einer realen Testfahrt und einer SiL-Simulation

ten Gesamtfahrzeugmodellen derartige Szenarien realitätsnah darstellen lassen. In beiden Testfällen liegen die simulierten Werte der Schaltpendelneigung in hoher Übereinstimmung zu den gemessenen Ergebnissen. Die resultierende Abweichung liegt mit aktivierten Zusatzfunktionen bei 0,88% und mit deaktivierten Funktionen bei 0,55%.

Des Weiteren bestätigt das Ergebnis die korrekte Handlung des Fahrermodells nach menschlichem Vorbild. Dies ist ein wesentlicher Aspekt für derartige Untersuchungen, da wie zuvor erläutert, die Funktionsweise eines Steuergerätes für automatisierte Schaltgetriebe maßgeblich durch die vorgegebene Fahrpedalstellung beeinflusst wird. Von Relevanz ist hierbei insbesondere, dass Fahrpedalgradienten und Pedalhaltedauern dem menschlichen Verhalten entsprechen. Der Einsatz einer dynamischen Regelung mit einer hochfrequenten Stellgrößenausgabe ist, trotz korrektem Folgeverhalten einer vorgegebenen Geschwindigkeits- oder Beschleunigungstrajektorie, hierfür kein zielführender Ansatz. Aufgrund der dynamischen Pedalbetätigungen könnten häufige Gangwechsel, also Pendelschaltungen induziert werden. Dies ist insbesondere bei deaktivierten Zusatzfunktionen kritisch. Die hohe Übereinstimmung der Ergebnisse bestätigt, dass dieses Ereignis in der dargestellten Simulation nicht vorliegt. Zur weiteren Verdeutlichung dient der Vergleich der Pedalstellungen in Abbildung 4.12 über einen zeitlichen Verlauf von 2 Minuten.

Durch eine weitere Untersuchung wird die korrekte Ansteuerung der Getriebeeinheit durch den virtualisierten *.hex-Code betrachtet. Von speziellem Interesse ist, dass die Zeitpunkte und -dauern der einzelnen Phasen des Gangwechels realistisch nachgebildet werden. Dies ist insbesondere von Relevanz, da hierdurch der Momentenfluss im Triebstrang beeinflusst wird. Woraus letztendlich eine wahrnehmbare Änderung der Längsbeschleunigung resultieren kann.

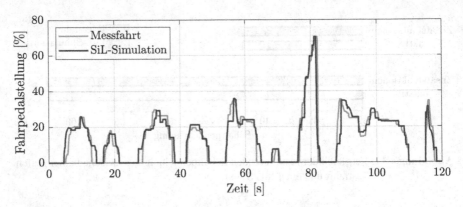

Abbildung 4.12: Zweiminütiger Messausschnitt der aufgezeichneten Fahrpedalstellung und dem daraus resultierenden simulierten Verlauf

Das Szenario für diesen Testfall stellt eine Beschleunigungsfahrt aus dem Stillstand dar. Der Beschleunigungsvorgang erfolgt durch Vorgabe einer konstanten Fahrpedalstellung von 50%. Die Fahrt wird im Teil- und nicht im Volllastbereich durchgeführt, da Komfortbetrachtungen an dieser Stelle im Vordergrund stehen. Des Weiteren wird eine Strecke ohne Steigungsprofil und ohne weitere Verkehrsteilnehmer gewählt. Durch diese Maßnahmen werden Störgrößeneinflüsse durch den Fahrer, der Streckentopologie und des Fremdverkehrs auf ein Minimum reduziert. Darüber hinaus lassen sich diese Randbedingungen sehr gut in einer Simulationsumgebung nachbilden, wodurch eine isolierte Betrachtung des Verhaltens im Triebstrang ermöglicht wird.

Eine gegenüberstellende Darstellung der Simulationsergebnisse und der aufgezeichneten Verläufe der Versuchsfahrt ist in Abbildung 4.13 gegeben. Aufgetragen ist jeweils das Beschleunigungsprofil in Folge der Pedalvorgabe, der Drehzahlen der Verbrennungskraftmaschine und der beiden Getriebegassen sowie der Ausgabe des Steuergerätes bezüglich des aktuellen Schaltstatus.

Zunächst lässt sich festhalten, dass durch die SiL-Simulation eine sehr hohe Übereinstimmung zu den aufgezeichneten Verläufen erreicht wird. Insbesondere der für den Fahreindruck entscheidende Verlauf der Längsbeschleunigung lässt sich durch die Simulation bestätigen. Sowohl während des Gangwechsels als auch zwischen den einzelnen Schaltvorgängen befinden sich Frequenzverhalten und Beschleunigungsspitzen von Messung und Simulation auf vergleichbarem Niveau. Die realitätsnahe Darstellung durch das Simulationsmodell wird weiterhin durch die

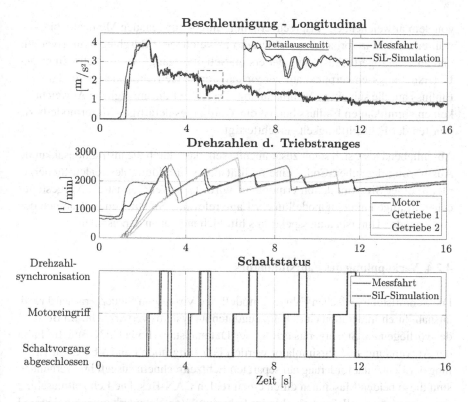

Abbildung 4.13: Schaltablauf in Folge einer Beschleunigungsfahrt aus dem Stillstand durch eine konstante Fahrpedalvorgabe von 50%

resultierenden Drehzahlverläufe im Triebstrang bestätigt. Die simulierten Drehzahlen der Teilgetriebe liegen nahezu deckungsgleich auf den gemessenen Verläufen. Weiterhin bestätigt der Statusverlauf ebenfalls für diesen Testfall, dass sich ECU-Produktionscode korrekt funktionierend in eine SiL-Umgebung einbinden lässt. Die Zeitpunkte der einzelnen Phasen des Gangwechsels sowie der gesamten Schaltdauer sind vergleichbar zur Ausgabe des realen Steuergerätes. Die zeitliche Abweichung der gesamten Schaltdauer zwischen SiL und Messung liegt über alle dargestellten Schaltungen im Bereich von $0,01 - 0,05$ Sekunden.

Eine Diskrepanz in den Verläufen ist allerdings während des Anfahrvorganges ersichtlich. Dies ist in der vorliegenden Umgebung weitestgehend der geringen Detailtiefe des Mittelwertmodells der Verbrennungsmaschine geschuldet. Ausgehend von dem abweichenden Ansprechverhalten und der ungenauen Momentenbildung während des Startvorganges resultiert ein abweichender Beschleunigungsverlauf und eine verzögerte Auslösung der ersten Schaltvorgänge. Es liegt allerdings der Untersuchungsschwerpunkt auf der virtualisierten Getriebesteuerung und dessen Einfluss auf die subjektive Wahrnehmung. Da hierauf die anfängliche Abweichung keinen signifikanten Einfluss hat, ist die Wahl eines derartigen Motormodells zugunsten der Echtzeitfähigkeit gerechtfertigt.

Abschließend lässt sich somit zusammenfassen, dass durch die instruktionsakkurate Ausführung des *.hex-Codes eine realitätsnahe Abbildung des realen Steuergeräts in einer SiL-Simulation ermöglicht wird. Des Weiteren ist das vorgestellte echtzeitfähige Fahrzeugmodell in der Lage relevante Situationen im Rahmen des vorliegenden Untersuchungsspektrums hinreichend genau darzustellen.

4.2.4 Verkopplung des Fahrsimulators

Die Schnittstelle zwischen Fahrzeugmodell und virtuellem Steuergerät wird realitätsnah durch Integration eines Fahrzeugdatenbussystems verwirklicht. Im Beispiel des vorliegenden Steuergeräts erfolgt der Datenaustausch via CAN-Bus. Im Falle der Anwendung im Fahrsimulator werden Fahrzeugmodell und VECU zur Erfüllung der Echtzeitanforderung auf separaten Echtzeitrechnern ausgeführt. Verbunden sind diese beiden Maschinen durch einen realen CAN-Bus. Die Echtzeitmaschine des Fahrzeugmodells ist weiterhin im Fahrsimulator-Netzwerk eingebunden und kommuniziert mit der Fahrsimulator-Umgebung über UDP/IP-Schnittstellen. Im Falle der reinen SiL-Simulation werden Fahrzeugmodell und VECU auf einem Simulationsrechner ausgeführt. Ein virtueller CAN-Bus ermöglicht den Datentransfer zwischen diesen beiden Bus-Teilnehmern.

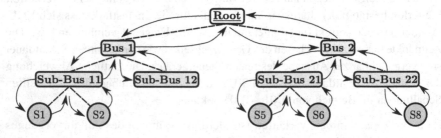

Abbildung 4.14: Prinzip der rekursiven Baumsuche zur Signalidentifikation in einem Bussystem

Unabhängig von der Ausführungsumgebung wird das Bussystem auf Grundlage der CAN-Beschreibungsmatrix[30] durch einen skriptgesteuerten Prozess automatisiert aufgebaut. Aus der Beschreibungsmatrix werden für alle benötigten Signale die relevanten Informationen zu den Skalierungseigenschaften und dem zeitlichen Verhalten der Bus-Botschaften extrahiert. Die kontinuierlichen Signale des Fahrzeugmodells werden entsprechend dieser Information diskretisiert und für die Generierung des Kommunikationssystems verwendet. Dadurch ist gewährleistet, dass der Datenaustausch, in identischer Weise zum realen Fahrzeug, zeit- und wertdiskret erfolgt. Diese Eigenschaft ist sowohl für den virtuellen Bus in der SiL-Simulation, als auch für den realen Bus im Fahrsimulator gültig.

Sämtliche Signale des Fahrzeugmodells liegen in einem logischen Bus vor. Dieser kann, aufgrund der Kategorisierung unterschiedlicher Teilsysteme des Modells, beliebig viele weitere Bussysteme auf verschiedenen Hierarchieebenen aufweisen. Abbildung 4.14 illustriert diesen Sachverhalt. Damit die relevanten Signale automatisiert an die entsprechenden Signale S_n im CAN angebunden werden können, muss deren Position im Signal-Bus identifiziert werden. Hierfür wird eine rekursive Baumsuche entsprechend abschließend dargestellter Algorithmus-Beschreibung umgesetzt.

Tabelle 4.5: Signalidentifikation basierend auf Abbildung 4.14

Root.Bus 1.Sub-Bus 11.S1
Root.Bus 1.Sub-Bus 11.S2
Root.Bus 2.Sub-Bus 21.S5
Root.Bus 2.Sub-Bus 21.S7
Root.Bus 2.Sub-Bus 22.S8

Es handelt sich um eine rekursive Programmierung, da sich die Suchfunktion innerhalb ihres Ablaufs selbst aufruft. Die Pfeile in Abbildung 4.14 repräsentieren die schrittweise Abfolge der Baumsuche. Dieser folgt zunächst dem linken Ast bis ein Signal gefunden wird. Entlang des Weges werden sämtliche Elemente in einer Pfadliste registriert. Sobald ein Pfadende erreicht wird, wechselt der Algorithmus eine Hierarchie-Ebene nach oben, geht (falls möglich) einen Schritt seitwärts und verfolgt diesen Ast bis zum Ende. Ist kein Schritt zur Seite möglich, so wird

---

[30]CAN-Beschreibungsmatrizen liegen im .dbc-Dateiformat vor.

die Hierarchie solange weiter nach oben verfolgt, bis eine weitere Tiefensuche möglich ist. Die Suche ist beendet, sobald alle Äste durchsucht und wieder der Ausgangsknoten (*Root*) erreicht ist.

Aus der Suche resultiert eine Signalliste mit allen Signalen und dessen vollständigen Pfad innerhalb des Signal-Buses. Tabelle 4.5 demonstriert dies basierend auf dem Beispiel aus Abbildung 4.14. Diese Information ermöglicht die automatisierte Zuweisung sämtlicher Fahrzeugsignale an den CAN-Bus.

Rekursiver Baumsuchalgorithmus

Ziel: Bestimmung aller Signalpfade in einem Bussystem.

Initialisiere Signalliste $\in \emptyset$.

Initialisiere Aktueller Pfad $\in \emptyset$.

Setze Aktueller Pfad = *Root*.

REKURSIVE SUCHE(Signalliste, Aktueller Pfad)   ▷ Rekursiver Suchalgorithmus

function REKURSIVE SUCHE(Signalliste, Aktueller Pfad):
    Bestimme Busunterelemente aus aktuellem Bussystem
    if Anzahl der Busunterelemente > 0 **then**   ▷ Durchsuche akt. Ebene
        for all $n \in$ Busunterelemente **do**   ▷ Gehe eine Ebene tiefer
            Aktueller Pfad$(_{Ende+1})$ = Busunterelemente(n).Pfad
            REKURSIVE SUCHE(Signalliste, Aktueller Pfad)
        end for
    else   ▷ Pfadende erreicht, Signal gefunden
        Signalpfad = Busunterelemente.Pfad
        Signalliste$(_{Ende+1})$ = Signalpfad
    end if
    Aktueller Pfad = Aktueller Pfad$(_{Ende-1})$ ▷ Gehe eine Ebene nach oben
    return Signalliste, Aktueller Pfad
end function

4.2.5 Beurteilung längsdynamischer Schaltkomfortapplikationen

Die abschließenden Untersuchungen konzentrieren sich auf die Optimierung der subjektiven Empfindung von Gangwechselvorgängen unter Anwendung der vorgestellten SiL-Umgebung. Aufgrund der automatisierten Durchführung der Optimierungsprozesse ist ein Maß zur Objektivierung der subjektiven Wahrnehmung von Relevanz.

Die ISO 2631-1 [77] definiert hierfür, auf Grundlage der ISO 8041-1 [76], Beurteilungsmethoden hinsichtlich der Wirkung von transienten, periodischen und zufälligen Schwingungsereignissen auf den menschlichen Körper. Darin werden, vor den Aspekten des Komforts und der Wahrnehmung von Fahrzeuginsassen, Ereignisse in einem Frequenzbereich von 0,5-80Hz kategorisiert. Die grundlegenden vorgestellten Metriken beruhen auf Anwendung der RMS-Methoden, welche allerdings Beschleunigungsspitzen in einem definierten zeitlichen Verlauf unterbewerten. Infolgedessen stellt die Norm mit dem Vibration Dose Value VDV eine weitere Metrik vor:

$$VDV = \sqrt[4]{\int_{t_{Schaltung,Start}}^{t_{Schaltung,Ende}} a_x(t)^4 dt} \qquad \text{Gl. 4.11}$$

Dieser gewichtet den Beschleunigungsverlauf in Abhängigkeit der vierten Wurzel und reagiert sensibler auf Beschleunigungsspitzen.

Zur Beurteilung der Einwirkung auf den menschlichen Körper, aufgrund einer durch einen Schaltvorgang resultierenden Beschleunigungsänderung, liegt der Betrachtungshorizont in Gl. 4.11 zwischen Beginn und Ende eines Gangwechsels. Je kleiner der Wert, desto komfortabler soll die Schaltung empfunden werden. Der Funktionsverlauf von VDV erreicht das Minimum, wenn gilt $a_x = 0$ und somit die Zugkraft unterbrochen wird. Da dies allerdings für zugkraftunterbrechungsfreie Automatikgetriebe kein erstrebenswertes Optimierungsziel darstellt, wird für diesen Anwendungsfall in [87] ein sogenanntes *D-Kriterium* zur Quantifizierung des Komforts vorgestellt.

Das *D-Kriterium* wird in Abhängigkeit eines idealisierten Beschleunigungsverlaufs $a_{x,ideal}(t)$ gebildet:

$$D\text{-}Kriterium = \frac{1}{\Delta t_{Schaltung}} \sqrt[n]{\frac{1}{\Delta t_{Schaltung}} \int_{t_{Schaltung,Start}}^{t_{Schaltung,Ende}} |\Delta a_{x,ideal}(t)|^n dt},$$

$$\qquad \text{Gl. 4.12}$$

$$\text{mit } n \geq 1$$

$$\text{und } \Delta a_{x,ideal}(t) = a_{x,ideal}(t) - a_x(t)$$

Darin ist n ein frei wählbarer Parameter zur Anpassung der Gewichtung. Je größer dieser gewählt wird, umso sensibler reagiert der Wert auf größere Abweichungen im Verlauf. $a_{x,ideal}(t)$ ist ebenfalls frei modellierbar und wird im Folgenden als linear während der Schaltungsphase angenommen. Aus der Division mit $\Delta t_{Schaltung}$ resultiert eine Bewertung des Schaltrucks. Schaltungen werden als umso komfortabler klassifiziert, je kleiner der Wert ausfällt.

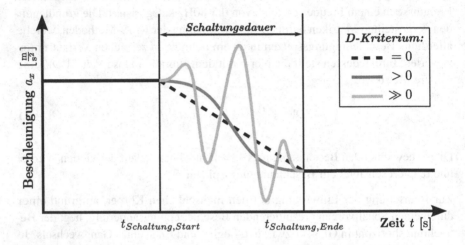

Abbildung 4.15: Verhalten des D-Kriteriums in Abhängigkeit der Längsbeschleunigung während eines zugkraftunterbrechungsfreien Gangwechsels

Durch die skizzierten Beschleunigungsverläufe in Abbildung 4.15 wird das Funktionsverhalten des Kriteriums aufgezeigt. Liegt der Verlauf deckungsgleich auf einem idealisierten Beschleunigungsverlauf, so resultiert für das *D-Kriterium* ein minimaler Funktionswert von 0. Es ist ersichtlich, dass eine lange Gangwechseldauer nach der Definition in Gl. 4.12 in einer komfortablen Schaltung resultiert. Dies steht allerdings konkurrierend zu einem schnellen und somit sportlichen Gangwechsel.

Das *D-Kriterium* dient somit im Laufe der folgenden Untersuchungen als Zielgröße zur multikriteriellen Optimierung der VECU hinsichtlich der Applikation des Schaltablaufs. Des Weiteren wird dieses zur Auswahl und Validierung von Datensätzen zur subjektiven Beurteilung im Fahrsimulator angewendet.

5 Ergebnisse

Die Ergebnisdiskussion beinhaltet drei wesentliche Themenschwerpunkte. Zunächst erfolgt eine Erhebung der Leistungsgüte des entworfenen Optimierungsansatzes. Anschließend wird dieser in einer SiL-Simulationsumgebung zur virtuellen Schaltkomfortoptimierung eingesetzt. Abschließend dient eine tiefergehende Untersuchung in einem Fahrsimulator zur subjektiven Evaluation der Ergebnisse.

5.1 Der Optimierungsalgorithmus im Benchmark

Die grundlegende Leistungsbetrachtung der definierten kooperativen Optimierungsmethodik erfolgt unter Anwendung gängiger Testfälle und Metriken. Des Weiteren soll der beschriebene bisherige Ansatz aus der Fragestellung dieser Arbeit (siehe Kapitel 1.2) für eine vergleichende Darstellung herangezogen werden.

5.1.1 Betrachtung der Methodik aus dem Stand der Technik

Die nachfolgenden Untersuchungen dienen der Evaluierung häufiger in der Literatur eingesetzter Methoden zur multikriteriellen Parameteroptimierung. Der Abgleich erfolgt unter Anwendung der etablierten ZDT-Testfunktionen[31] nach [207]. Je nach Funktion weisen diese einen Faktorraum von 10 bis 30 Einzelparametern auf und beinhalten einen zweidimensionalen Lösungsraum. Die optimale Pareto-Front im Lösungsraum ist analytisch ermittelbar und somit bekannt.

Vor der Anwendung von Ersatzmodellen auf diese Testfunktionen erfolgt zunächst eine reine Betrachtung ausgewählter evolutionärer Ansätze auf diese Problemstellungen. Zu dieser Auswahl zählen die Algorithmen MO-CMA, MO-PSO, NSGA-II, SMS-EMOA und SPEA2.

---

[31]Im Anhang A.10 wird eine detaillierte Beschreibung der Eigenschaften und der mathematischen Definition der ZDT-Testfunktionen gegeben.

© Der/die Autor(en), exklusiv lizenziert an
Springer Fachmedien Wiesbaden GmbH, ein Teil von Springer Nature 2023
M. Scheffmann, *Ein selbstlernender Optimierungsalgorithmus zur virtuellen Steuergeräteapplikation*, Wissenschaftliche Reihe Fahrzeugtechnik Universität Stuttgart, https://doi.org/10.1007/978-3-658-41972-1_5

Zur Ermittlung der Lösungsgüte wird die Metrik des Hypervolumens angewendet. Da die idealen Fronten der Testfunktionen bekannt sind, lässt sich von einem beliebigen definierten Punkt das ideale Hypervolumen bestimmen. Ein Vergleich zwischen dem berechneten Volumen einer Optimierung und dem idealen Wert liefert eine Aussage über die Abdeckungsrate gegenüber der idealen Lösungsmenge.

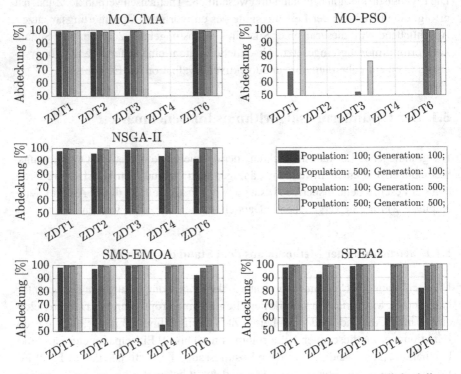

Abbildung 5.1: Abgleich der Hypervolumenabdeckung von etablierten multikriteriellen Optimierungsansätzen an zweidimensionalen Benchmarkfunktionen

Abbildung 5.1 gibt dementsprechend eine Zusammenstellung der prozentuellen Hypervolumenabdeckung über alle genannten Algorithmen und Testfälle. Einbezogen wird weiterhin der Einfluss unterschiedlicher Populationsdichten und Generationssequenzen der evolutionären Ansätze.

Zusammenfassend zeigt sich, dass NSGA-II, SMS-EMOA und SPEA2 in der Lage sind sämtliche ZDT-Funktionen mit einer hohen Abdeckung zu lösen. Ebenfalls erreicht MO-CMA, mit Ausnahme von ZDT4, eine sehr gute Annäherung an die

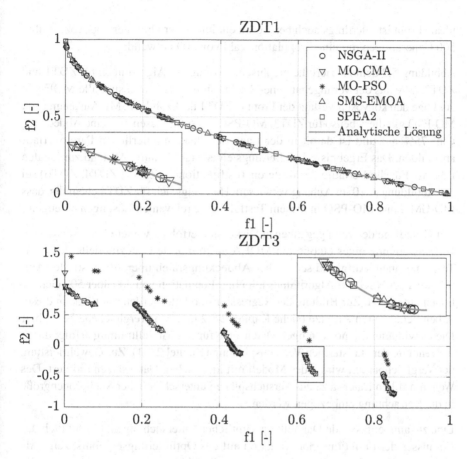

Abbildung 5.2: Abdeckung der Pareto-Front von etablierten multikriteriellen Optimierungsalgorithmen an zweidimensionalen Benchmarkfunktionen; Ermittlung mit einer Populationszahl von 500 über 500 Generationen hinweg

optimale Paretofront. In ZDT4 resultiert die Zielgrößenoptimierung für diesen Algorithmus in einem lokal optimalen Verlauf. Für MO-PSO zeigen sich Schwierigkeiten mit den Testfällen. Bei ZDT2 und ZDT4 liegt die Abdeckung unter 50%. Für die Lösung der restlichen Testfälle ist eine hohe Anzahl der Populations- und/oder Generationsparameter notwendig. Neben MO-PSO sind die Optimierer bereits bei einer Population von 100 und über 100 Generationen hinweg in der Lage eine Abdeckung von ≥ 90% zu erzielen. Für eine bestmögliche Annäherung an die ideale Front ist allerdings auch bei diesen ein intensiver Optimierungsprozess über 500 Generationen mit einer Populationszahl von 500 notwendig.

Abbildung 5.2 demonstriert die graphische Lösung der Algorithmen für ZDT1 und ZDT3. Wie aus der vorangegangenen Diskussion zu erwarten sind alle MOEA in der Lage den konvexen Verlauf der Front in ZDT1 nachzubilden. Mit Ausnahme von MO-PSO gilt dies ebenso für ZDT3. MO-PSO weist für diesen Test eine Abdeckung von 75% auf und ist damit in der Lage den diskontinuierlichen Paretoverlauf abzubilden. Das Ergebnis zeigt allerdings einen signifikanten Abstand zur idealen Lösung. Für die Verläufe der weiteren Testfunktionen (ZDT2, ZDT4, ZDT6) sei auf Abbildung A.10 im Anhang verwiesen. Hier zeigt sich für ZDT4 ebenfalls, dass MO-CMA und MO-PSO in diesem Testfall keine relevanten Lösungen erzeugen.

Auf Grundlage der vorangegangenen Diskussion erfolgen weitere Untersuchungen zur Anwendung eines etablierten MOEA auf trainierte Ersatzmodelle der ZDT-Testfunktionen. Aufgrund sehr hoher Abdeckungsraten über alle Testfälle (Abb. 5.1) wird der NSGA-II Algorithmus mit einer Population von 500 über 500 Generationen eingesetzt. Zur Bildung der Regressionsmodelle werden sämtliche in dieser Arbeit behandelten Ansätze (siehe Kapitel 2.3.2 und A.5) vergleichend betrachtet. Die Gewinnung der notwendigen Datensätze für das Modelltraining erfolgt durch Anwendung der statistischen Versuchsplanung (Kapitel 2.3.1). Zur Gewährleistung der Vergleichbarkeit wird jedes Modell mit identischen Datensätzen trainiert. Des Weiteren sollen Datensätze aus Versuchsplänen unterschiedlicher Stichprobengröße in die Betrachtung einbezogen werden.

Eine zusammenfassende Darstellung sämtlicher Untersuchungen, hinsichtlich des Einflusses der Funktionsapproximation auf das Optimierungsergebnis, zeigt Abbildung 5.3. Als Beurteilungskriterium der Ergebnisqualität sei an dieser Stelle ebenfalls die erreichte prozentuale Abdeckung hinsichtlich des theoretisch maximal möglichen Hypervolumens definiert. Die dargestellten Modellierungsansätze dienen zur Nachbildung der jeweiligen ZDT-Testfunktionen. Die Vermessung der Funktionen erfolgt automatisiert mit Versuchsplänen der Größen 200, 500, 1000, 5000 und 10000. Damit nicht ein möglicher Modellfehler in die Betrachtung einfließt, zeigen die Darstellungen die nachberechneten Ergebnisse auf Grundlage der optimierten Parameterkonfiguration.

Zunächst zeigt sich im gesamtheitlichen Vergleich zu den Ergebnissen des NSGA-II Algorithmus aus Abbildung 5.1, dass diese durch Anwendung der Ersatzmodellbildung nicht in allen Testfällen reproduziert werden. Ersichtlich ist dies insbesondere

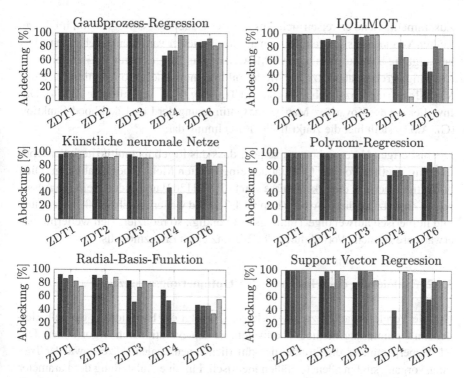

Abbildung 5.3: Abgleich der Hypervolumenabdeckung unter Anwendung von Regressionsansätzen zur Metamodell-Bildung; Modelltraining unter Variation der Versuchsplangröße: ▬ 200, ▬ 500, ▬ 1000, ▬ 5000, ▬ 10000

in den Ergebnissen der ZDT4- und ZDT6-Funktionen. Multiple lokale optimale Bereiche (ZDT4) und nichtlineare Pareto-Entwicklung (ZDT6) stellen hier erschwerte Bedingungen zur Funktionsapproximation dar. Des Weiteren ist kein direkter Zusammenhang zwischen der Größe eines Versuchsplanes und dem zu erwarteten Optimierungsergebnis ersichtlich. Große Versuchspläne zeigen sich einzig bei Ansätzen auf Grundlage der Kernelfunktionen (Gaußprozess- und Support Vector Regression) im Falle des ZDT4-Problems als vorteilhaft.

Als positiv herauszustellen ist die sehr hohe Güte der Optimierung bei Problemen mit einfacheren Funktionszusammenhängen (ZDT1 bis ZDT3) bei bereits sehr kleinen Versuchsplänen. Dies zeigt sich in nahezu allen dargestellten Ergebnissen, insbesondere jedoch bei den Methoden der Gaußprozess- und Polynom-Regression.

Zusammenfassend erweisen sich Ansätze der Gaußprozess-Regression im dargestellten Vergleich als Approximatoren mit den besten erwartbaren Ergebnissen. Dies
bestätigt die beliebte Wahl von GPM-Ansätzen in der gesichteten Literatur. Sind
allerdings große Datensätze zur Modellbildung notwendig, so resultiert für diese
Modelle ein rechenzeitlich aufwendiges Training (z. B. im Falle von ZDT4). Die
Invertierung der Kovarianz-Matrix, zur Optimierung der Log-Likelihood-Funktion
(Gl. A.33), stellt hier die zeitkritische Berechnung dar.

Die bisherigen Untersuchungen zeigen, dass das Ergebnis multikriterieller Optimierung deutlich von der Qualität des eingesetzten Meta-Modells abhängt. Dies
bekräftigt einerseits die Erkenntnisse von [15] und [203] und andererseits die Aussage zur Zielsetzung dieser Arbeit (Kapitel 1.2). Sind weiterhin sehr große Datensätze
und numerisch aufwendige Trainings notwendig , so reduziert sich weiterhin der
erwartbare zeitliche Vorteil durch den Einsatz eines Ersatzmodells.

5.1.2 Evaluierung des selbstlernenden Optimierungsansatzes

Um die Vergleichbarkeit zu gewährleisten, erfolgt die Evaluierung der selbstlernenden Optimierungsmethodik äquivalent zu den evolutionären Algorithmen. Die
RL-Hyperparameter, die Struktur der künstlichen neuronalen Netze, sowie der Trai-
ningsvorgang sind in allen Testfällen identisch. Für eine Aufstellung der Parameter
sei an dieser Stelle auf Anhang A.12 verwiesen.

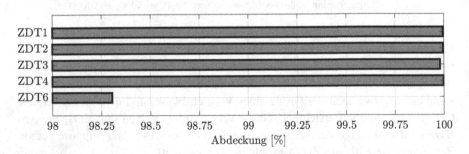

Abbildung 5.4: Prozentuale Hypervolumenabdeckung der ZDT-Funktionen durch Anwendung der selbstlernenden Optimierungsmethodik

Zunächst soll in Abbildung 5.4 die erreichte prozentuelle Abdeckung des Hypervolumens der ZDT-Funktionen betrachtet werden. Es ist festzuhalten, dass in

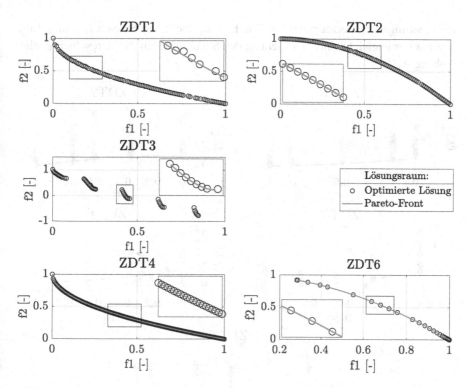

Abbildung 5.5: Abdeckung der Pareto-Fronten aller betrachteten ZDT-Testfunktionen

sämtlichen Untersuchungen das mögliche Hypervolumen nahezu vollständig ermittelt wird. In den Fällen ZDT1 bis ZDT3 können über 99% erreicht werden. In ZDT4 wird die analytische Lösung des Problems annähernd deckungsgleich durch die Optimierung nachgebildet. Durch die mathematische Definition von ZDT4 (siehe Anhang A.10) weist dieses eine hohe Dichte lokal optimaler Lösungen auf, wodurch die Bestimmung der global optimalen Pareto-Front erschwert werden soll. Der vorgestellte Ansatz konvergiert schnell zur gewünschten Lösung und zeigt keine Tendenz in Richtung lokaler Optima. Bei ZDT6 liegt die Abdeckung bei ~98% und fällt damit vergleichsweise geringer aus. Mit Verweis auf die graphische Lösungsdarstellung in Abbildung 5.5 stellt dies, vor dem Hintergrund des praktischen Anwendung, keinen signifikanten Nachteil dar. Es zeigt sich, dass die relevanten Eckpunkte und eine sinnvolle Lösungsmenge entlang der Front ermittelt werden. Des Weiteren liegen alle dargestellten Lösungen vollständig im Optimum. Der

Optimierungsansatz erzeugt eine erhöhte Lösungsdichte im Bereich $f_1 \in [0.8, 1.0]$, was aus der ungleichmäßigen Verteilung des Suchraumes in ZDT6 resultiert (siehe Anhang A.10).

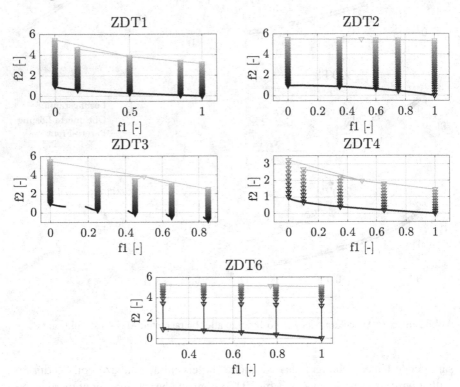

Abbildung 5.6: Kooperative Lösungsentwicklung von 5 Agenten im Verlauf der Parameteroptimierung in Richtung der Pareto-Front (——)

Weiterhin soll auf die kooperative Problembehandlung der RL-Optimierung eingegangen werden. In Abbildung 5.6 wird die sequentielle Lösung durch ein trainiertes System mit 5 Agenten dargestellt. Jeder Pfad in den Darstellungen repräsentiert den Fortschritt eines Agenten und jeder Marker ($\triangledown$) die Anpassung eines Optimierungsparameters[32]. Es ist ersichtlich, dass sich die Agenten sofort entlang des Definitionsbereichs auf der Pareto-Front verteilen. Die Verständigung der Agenten

---

[32]ZDT1, ZDT2 und ZDT3 sind Optimierungsprobleme mit 30 Parametern. ZDT4 und ZDT6 beinhalten 10 Parameter.

sorgt dafür, dass in jedem Fall die Eckpunkte und eine sinnvolle Lösungsverteilung zwischen diesen bestimmt werden. Entlang der Pfade wird mit jedem Agenten in allen Testfällen die Pareto-Front zielgerichtet und direkt angesteuert. Die finalen Lösungen aller Parameteranpassungen befinden sich vollständig im Optimum. Erwähnenswert ist, mit Blick auf ZDT6, der deutliche Schritt in Richtung der Front während der letzten Anpassung. Dies resultiert aus dem Formalismus von ZDT6, welcher eine geringe Lösungsdichte vor dem globalen Optimum aufweist und somit eine erschwerte Randbedingung darstellt (siehe Anhang A.10). Der vorgestellte Ansatz konvergiert an dieser Stelle zuverlässig. Durch kooperative Handlungen sind die Agenten in der Lage das resultierende Hypervolumen zu maximieren.

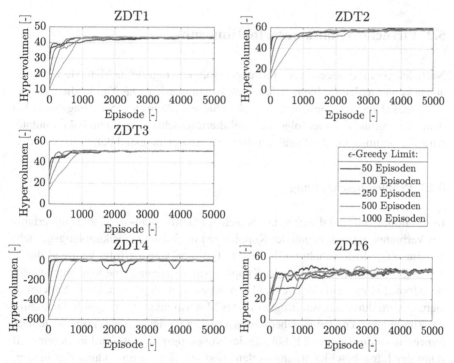

Abbildung 5.7: Entwicklung des durchschnittlichen Hypervolumens im Verlauf des Lernprozesses

Abschließend ist in Abbildung 5.7 die Effektivität des Lernprozesses anhand der behandelten Testfälle illustriert. Aufgetragen ist das resultierende durchschnittliche

Hypervolumen innerhalb einer Episode im Verlauf der Trainingsepisoden. Es zeigt sich, dass bereits im Bereich von Episode 1000 die Werte ein konvergierendes Verhalten aufweisen und kein weiterer deutlicher Lernfortschritt erzielt wird. Aus den vorangegangen Ausführungen folgt, dass der Algorithmus bereits hier in der Lage ist, pareto-optimale Lösungen zu erzeugen. Weiterhin ist eine Variation der Limitierung der ε-Greedy-Strategie aufgetragen. Hieraus folgt, dass die Agenten bereits mit einem geringen explorativen Vorgehen in der Lage sind, die Regeln des MDP zu verstehen und daraus zielgerichtete Handlungen abzuleiten. Diese resultieren letztendlich in Lösungen, welche auf vergleichbarem Niveau der etablierten MOEA ohne Ersatzmodellbildung liegen.

5.2 Virtuelle Schaltkomfortoptimierung

Nach den vorangegangenen Ausführungen soll die vorgestellte Methode weiterhin anhand einer realen Problemstellung untersucht werden. Das Ziel ist die Optimierung eines Datensatzes auf einem virtuellen Steuergerät in einer SiL-Umgebung. Vor dem Hintergrund der nachfolgenden Validierungsschritte in einem Fahrsimulator wird die Optimierung des Schaltkomforts als Anwendungsfall definiert.

5.2.1 Problembeschreibung

In Abbildung 5.8 sind die charakteristischen Drehmoment- und Drehzahlverläufe des Verbrennungsmotors und der Kupplungen in einem Doppelkupplungsgetriebe für eine Zug-Hoch-Schaltung illustriert. Typischerweise erfolgt während dieses Vorgangs eine Überschneidung der Kupplungsmomente und eine Synchronisierung der Motordrehzahl auf die Drehzahl des neuen Wunschganges. Diese Synchronisierung wird durch aktiven Eingriff in das Motormoment (z. B. durch Anpassung des Zündwinkels) und einer Überhöhung des Kupplungsmoments erreicht. Je nach Synchronisationsdauer und Erhöhung des Kupplungsmoments wird in diesem Zeitraum der Längsbeschleunigungsverlauf und somit die Empfindung des Fahrers beeinflusst.

Diese beiden Parameter sind in der vorliegenden virtuellen Getriebesteuerung durch hinterlegte Kennfelder definiert. Die Kennfelder der Drehmomentüberhöhung werden über 7 x 6 und der Synchronzeit über 6 x 6 Einzelparameter aufgespannt. Somit

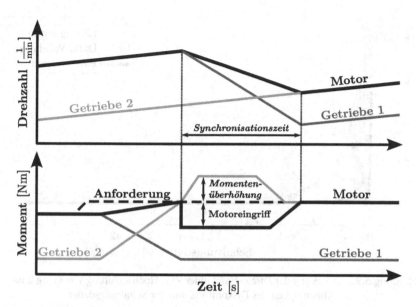

Abbildung 5.8: Einflussparameter des Schaltungsablaufs einer Zug-Hochschaltung

ergibt sich ein Optimierungsproblem mit 78 Eingangsgrößen. Als konkurrierende Zielgrößen sollen im Folgenden die resultierende Gangwechselzeit und das D-Kriterium (Kapitel 4.2.5) Verwendung finden.

5.2.2 Anwendung der selbstlernenden Optimierungsmethodik

Die Optimierung der Steuerkennfelder erfolgt simultan zu den Ausführungen in Kapitel 5.1.2. Das Ziel ist die Maximierung des Hypervolumens, welches über die Zeit der Gangwechselphase und des resultierenden Diskomforts aufgespannt wird. Zur Validierung der Robustheit des vorgestellten Verfahrens, werden Netzwerkarchitektur und Hyperparameter unverändert übernommen. Es erfolgt lediglich eine automatisierte Anpassung der Eingabeschicht des NN aufgrund der veränderten Problemstellung.

Die Diskussion der Optimierungsergebnisse soll im Folgenden detailliert für eine Zug-Hochschaltung von Gang 2 nach 3 erfolgen. Die Ergebnisse aller weiteren Gangwechselvorgänge sind in Kapitel A.11 zusammengestellt.

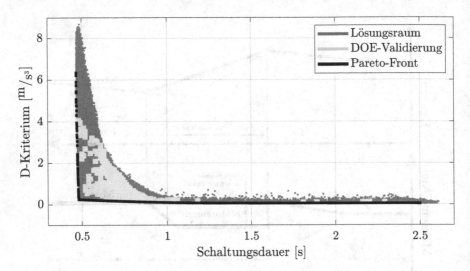

Abbildung 5.9: Abdeckung der Pareto-Front einer Zug-Hochschaltung von Gang 2 nach 3 in Abhängigkeit des Diskomforts und der Schaltungsdauer

Vor diesem Hintergrund stellt Abbildung 5.9 die resultierende Pareto-Front der genannten Zug-Hochschaltung dar. Der Verlauf zeigt eine konvexe und kontinuierliche Entwicklung. Entlang der konkurrierenden Zielgrößen lassen sich diese über einen weiten Wertebereich applizieren. Der Funktionsverlauf sowohl in vertikaler als auch in horizontaler Richtung weist lediglich ein schwach gekrümmtes Verhalten auf. Dies kann für Optimierungsalgorithmen während der Lösungsentwicklung zu einer erschwerten Bedingung führen, da die Funktionswerte über weite Bereiche hinweg nahezu identisch sind. Das bedeutet, es existieren keine signifikanten Gradienten, welchen im Laufe der Optimierungsschritte gefolgt werden kann. Als weitere Besonderheit wird der nahezu unstetige Übergang vom horizontalen in den vertikalen Verlauf der Front angesehen. Wird dieser Übergangspunkt (Schaltungsdauer: $0,45$ s; D-Kriterium: $0,3$ $^\mathrm{m}/_{s^3}$) erreicht, so ist nahezu das vollständig mögliche Hypervolumen ermittelt. Jede weitere gefundene Lösung führt nachfolgend zu keiner deutlichen Zunahme des Hypervolumens. Diese dominante Abhängigkeit kann zu Lösungen führen, welche sich lokal einzig auf den Bereich des Übergangspunktes konzentrieren. Aufgrund des dargestellten Verlaufs, zeigt sich die selbstlernende Methodik robust gegenüber den genannten Bedingungen.

Zur Validierung der resultierenden Pareto-Front ist weiterhin der vollständig erreichte Lösungsraum der Optimierung und das Ergebnis einer DoE mit 1000 individuellen Parameterkombinationen aufgetragen. Die vollständige Abdeckung der DoE-Ergebnisse durch den Lösungsraum bestätigt, dass keine relevanten Bereiche durch die Optimierung ausgelassen werden. Weiterhin zeigen die bestmöglichen Lösungskombination der DoE einen ähnlichen Trend wie die entwickelte Pareto-Front auf, wodurch sich dessen charakteristischer Verlauf bestätigen lässt. Insbesondere die Dominanz im Bereich des genannten Übergangspunktes wird aufgrund der Lösungsansammlung durch die Validierungsrechnung ebenfalls deutlich. Die Darstellung der weiteren Zug-Hochschaltungen in Abbildung A.11 des Anhangs können dies ebenfalls bestätigen.

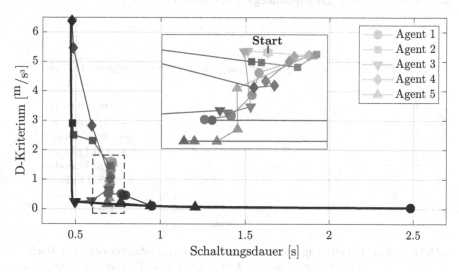

Abbildung 5.10: Entwicklung der Pareto-Front einer Zug-Hochschaltung von Gang 2 nach 3 mit 5 Agenten

Im Folgenden wird das Verhalten der Agenten in dieser Umgebung betrachtet. Abbildung 5.10 illustriert dies anhand der zuvor diskutierten Zughochschaltung und einer Optimierung mit 5 Agenten. Beginnend von einem gemeinsamen Startpunkt (siehe Detailausschnitt) bewegen sich alle Agenten sukzessive an die Pareto-Lösung. Des Weiteren weisen die finalen Lösungen der Agenten eine hohe Verteilungsgüte entlang der Front auf, woraus betragsmäßig ein großes Hypervolumen resultiert. Zusätzlich zeigt sich, dass die Wege entlang eines Pfades im Verlauf der Optimierungsschritte nicht gleichmäßig zurückgelegt werden. Dieses Verhalten ist insbesondere für die Agenten 1 und 4 in Richtung deren finalen Lösungen ersichtlich. Bekannt ist dies bereits aus der Lösungsentwicklung der Testfunktion ZDT6 und resultiert aus einer ungleichmäßigen Verteilung der Lösungsdichte in dieser Umgebung.

Weiterhin wird insbesondere, mit Verweis auf die Detaildarstellung, zu Beginn der Parameteranpassung ersichtlich, dass sich die Agenten infolge der Umgebungsdynamik auf leichten Umwegen der Ziellösung annähern. Aufgrund der trainierten Weitsichtigkeit des RL-Systems sind die Agenten in der Lage, mit derartigen Umgebungseigenschaften umzugehen und auch für diese Problemstellung kooperativ und zielgerichtet eine Lösungsstrategie zu entwickeln.

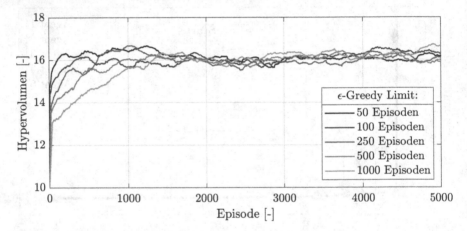

Abbildung 5.11: Entwicklung des durchschnittlichen Hypervolumens einer Zug-Hochschaltung von Gang 2 → 3 unter Variaton des Explorationsparameters ε

Die Entwicklung des durchschnittlichen Hypervolumens im Laufe des Lernprozesses ist in Abbildung 5.11 wiedergegeben. Das vollständige Training wird mehrmalig über 5000 Episoden und einer Variation des Explorationsparameters ε durchgeführt. Vergleichend zu den ZDT-Testfällen zeigt sich in dieser Umgebung ebenfalls, dass sich das Hypervolumen asymptotisch der Optimallösung annähert und spätestens gegen Episode ~1000 konvergiert. Da der Startpunkt der Agenten relativ nah an der optimalen Pareto-Front liegt und aufgrund der Größe des ausgebildeten Lösungsraums ist die betragsmäßige Zunahme des durchschnittlichen Hypervolumens im Verlauf des Trainings ebenfalls relativ gering. Die vorangegangen Ausführungen zeigen jedoch, dass dies nicht zwangsweise in einer einfachen Lösungsentwicklung resultiert.

Insbesondere ist ersichtlich, dass das Training stabil gegenüber einer Variation von ε durchgeführt werden kann und in allen Fällen konvergierendes Verhalten aufweist. Die dargestellte Entwicklung des Lernfortschritts ist vergleichbar zu den ZDT-Funktionen und bestätigt somit die Übertragbarkeit der selbstlernenden Optimierungsmethode auf neue Problemstellungen.

5.3 Untersuchungen im Fahrsimulator

Die Untersuchungen im Fahrsimulator konzentrieren sich auf die Evaluierung von Motion Cueing Algorithmen und einer Realstudie mit Probanden. Ersteres dient der objektiven Beurteilung der resultierenden Stimuli im Simulator. Und letzteres der subjektiven Betrachtung virtuell erzeugter Steuergerätedatensätze.

5.3.1 Evaluierung der Motion Cueing Algorithmen

Die folgenden Untersuchungen dienen der Beurteilung von relevanten MCA im Stuttgarter Fahrsimulator. Vergleichende Betrachtungen dieser MCA anhand gängiger längsdynamischer Manöver werden in [115] aufgeführt. Der Fokus im Nachfolgenden liegt in der Analyse von transienten dynamischen Beschleunigungsanteilen, wie sie bei Gangwechselvorgängen auftreten können.

Zum Vergleich stehen ein nichtlinearer Washout-Algorithmus (NLW-MC [142]) mit integrierter Schienendynamik, ein szenarienadaptiver (SAA-MC [115]) und ein prädiktiver Algorithmus (P-MC [134]). Für die vergleichenden Untersuchungen und die nachfolgende Probandenstudie werden zunächst Testdatensätze auf Grundlage der vorangegangen Optimierungsergebnissen ausgewählt. Die Auswahl beinhaltet 6 unterschiedliche Konfigurationen, deren Eigenschaften bzgl. Schaltungsdauer und D-Kriterium in Abbildung 5.12 zusammengestellt sind. Dabei handelt es sich weitestgehend um pareto-optimale Konfigurationen, welche das subjektive Empfindungsspektrum von unkomfortabel oder unangenehm bis komfortabel abdecken sollen. Die Datensätze DS2 und DS3 sowie DS5 und DS6, sollen ein ähnliches Intensitätslevel bei einer unterschiedlichen Gangwechseldauer aufweisen.

Vor der weiteren Verarbeitung durch die MCA wird zunächst das Signalverhalten analysiert. Hierzu wird in Abbildung A.12 des Anhangs das Frequenzverhalten der genannten Datensätze zusammengestellt. Die Frequenzanteile resultieren aus einer

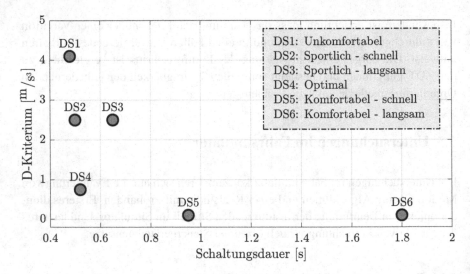

Abbildung 5.12: Eigenschaften der virtuell generierten Versuchsdatensätze zur Erprobung im Fahrsimulator

Fourier-Transformation der Longitudinalbeschleunigung während der Gangwechselphase. Abgeglichen wird das Rohsignal der SiL-Simulation mit dem Eingangssignal der MCA. Das Eingangssignal ist entsprechend gefiltert und skaliert, damit die kinematischen Randbedingungen des Simulators eingehalten werden können (siehe Tabelle 3.3). Die Gegenüberstellung zeigt, dass die dominanten Frequenzanteile nach der Filterung nahezu vollständig erhalten bleiben. Dies ist von Relevanz, da somit der wesentliche Informationsgehalt des transienten Verlaufs während der Gangwechselphase erhalten bleibt.

Der Hauptanteil der auftretenden Frequenzen befindet sich in einem Bereich von 2 bis 9 Hz. Vor dem Hintergrund der subjektiven Schaltungsabstimmung, liegen diese Repräsentationen damit in einem für den Menschen wahrnehmbaren Bereich [61].

Ein vollständiger Beschleunigungsverlauf aus dem Stillstand ist in Abbildung 5.13 dargestellt. Deutlich erkennbar sind die Übergänge infolge des Gangwechsels. Des Weiteren sind die resultierenden Verläufe der MCA eingetragen.

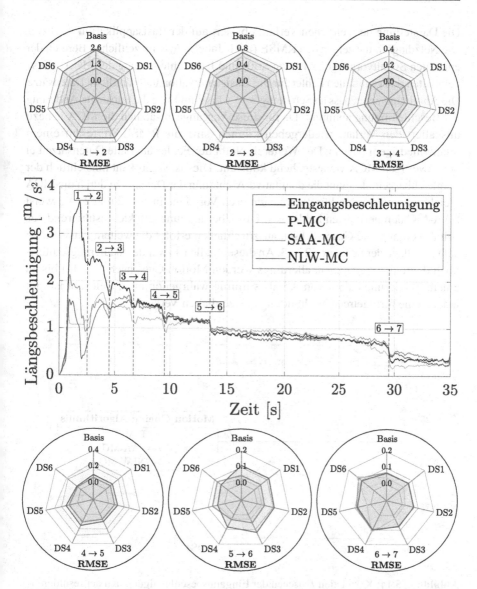

Abbildung 5.13: Zeitlicher Verlauf der vorgegebenen Eingangsbeschleunigung und die resultierenden Verläufe unterschiedlicher MCA mit der Basisapplikation; Netzdiagramme zeigen für die Gangwechselvorgänge den RMSE der Beschleunigungsverläufe verschiedener Datenstände

Die Darstellung des zeitlichen Verlaufs basiert auf der Basisapplikation der ECU. Die Netzdiagramme zeigen den RMSE (nach Tabelle A.1) im zeitlichen Bereich der einzelnen Schaltvorgänge zwischen Soll- und Istbeschleunigung der MCA. Diese beinhalten den ermittelten Fehler für die Basisapplikation und sämtliche Datensätze. Die Abbildung zeigt, dass ab Schaltung 3 → 4 bis zum Ende die transiente Änderung der Beschleunigung abnimmt. Da für diese Vorgänge zusätzlich die MCA nahezu unskaliert den Verlauf wiedergeben können, sind die RMSE-Werte auf einem relativ niedrigem Niveau. Des Weiteren bleibt der Fehler über alle Datensätze bei den jeweiligen MCA weitestgehend konstant. Dies ist signifikant hinsichtlich der Vergleichbarkeit, da somit die qualitative Abbildung der Datensätze durch die MCA gleichbleibend erfolgt. Für die transienteren Vorgänge in 1 → 2 und 2 → 3 weist SAA-MC den geringsten Fehler auf. Um Überlagerungseffekte, resultierend aus Anfahrvorgang und Gangwechsel, auszuschließen erfolgt die weitere Auswertung auf Grundlage der Schaltung 2 → 3. An dieser Stelle ist zwar der Skalierungseinfluss noch deutlich zu erkennen, allerdings werden Motion Cues nach [56, 44] bis zu einem Skalierungsfaktor von 0,5 als stimmig wahrgenommen. Relevant ist hier jedoch eine formgetreue Nachbildung des zeitlichen Verlaufs.

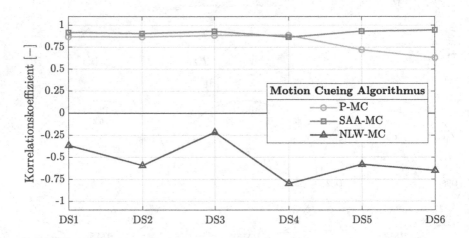

Abbildung 5.14: Korrelation zwischen der Eingangsbeschleunigung und der resultierenden Beschleunigungen der MCA während eines Gangwechselvorganges
mit unterschiedlich kalibrierten Datensätzen

Infolgedessen ist in Abbildung 5.14 das Korrelationsverhalten der resultierenden Verläufe aus den MCA zum Eingangssignal zusammengetragen. Der Korrelationskoeffizient ρ zwischen zwei Vektoren X und Y der Größe N wird nach Pearson [40] folgend bestimmt:

$$\rho(X,Y) = \frac{\sum_{i=1}^{N}(x_i - \bar{x})(y_i - \bar{y})}{\sqrt{\sum_{i=1}^{N}(x_i - \bar{x})^2 \sum_{i=1}^{N}(y_i - \bar{y})^2}} \qquad \text{Gl. 5.1}$$

Sowohl P-MC als auch SAA-MC weisen einen starken Zusammenhang zur Eingangsgröße auf. Unterschiede zwischen den beiden Algorithmen ergeben hinsichtlich der komfortableren Datensätze DS5 und DS6. Hier korreliert SAA-MC nahezu vollständig. Eine Analyse der Teilsysteme zeigt für diese beiden Konfiguration bei P-MC eine zu geringe Dynamik des Schlittensystems bei einer konstanten Neigung des Hexapod. Infolgedessen kann der qualitative Verlauf nicht ausreichend nachgebildet werden. Der Verlauf von NLW-MC ist schwach korrelierend und negativ. Die relevanten Beschleunigungsanteile während des Gangwechsels werden somit nicht korrekt detektiert und simuliert. Für einen Probanden ist damit kein akzeptables Fahrverhalten zu erwarten.

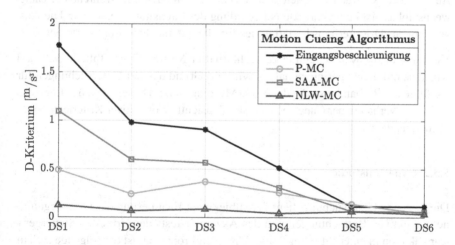

Abbildung 5.15: Gegenüberstellung des Komfortkriteriums mit verschiedenen Datensätzen in Abhängigkeit der Eingangsbeschleunigung und der resultierenden MCA-Beschleunigung

Des Weiteren wird untersucht inwieweit sich die Datensätze objektiv hinsichtlich der Intensität differenzieren lassen. Abbildung 5.15 zeigt eine Auswertung des D-Kriteriums der resultierenden Gesamtbeschleunigungen aus den MCA. Vergleichend dazu sind die Referenzwerte der Eingangsbeschleunigung eingetragen. Nach Vorgabe der virtuell generierten Versuchsdatensätze (Abbildung 5.12) muss zwischen DS1 und DS6 ein signifikantes Intensitätsgefälle vorliegen, wobei sich DS2 und DS3 sowie DS5 und DS6 auf einem ähnlichen Niveu befinden sollten. Die Signale der skalierten Eingangsbeschleunigung und von SAA-MC können diesen erwarteten Verlauf für alle Konfigurationen wiedergeben. Im Vergleich zum Eingangssignal resultiert aus SAA-MC ein verringertes Intensitätslevel, dieses ist jedoch weiterhin signifikant ausgeprägt. Des Weiteren lassen sich die Abstufungen der DS deutlich voneinander abgrenzen.

Der Verlauf von P-MC zeigt zwischen DS1 - DS6 ebenfalls einen abfallenden Trend auf, allerdings ist die Intensität vergleichsweise gering ausgeprägt. Weiterhin werden die Plateaus bei DS2/DS3 und DS5/DS6 qualitativ nicht korrekt abgebildet. Auch hier wird das transiente Potential des Simulator-Schienensystems nicht vollständig ausgenutzt.

Aufgrund des schwach korrelierenden Verhaltens von NLW-MC während der Gangwechselphase ist keine korrekte Nachbildung der Intensität zu erwarten. Die Auswertung des D-Kriteriums bestätigt dies für alle untersuchten Konfigurationen.

Um die Auftrittswahrscheinlichkeit fehlerhafter Motion Cues (Tabelle 3.2) und Kinetose möglichst gering zu halten, wird auf Grundlage der Untersuchungen für die folgende Probandenstudie der SAA-MC eingesetzt. Dieser ist in der Lage das transiente Verhalten der Gangwechselphase hinsichtlich objektiver Kriterien korrekt wiederzugeben.

5.3.2 Expertenstudie

Die folgende Untersuchung dient der subjektiven Evaluierung der vorangegangenen objektiven Betrachtungen und des Akzeptanztests der virtuellen Steuergeräteapplikation in einer SiL-Umgebung. Für jeden Probanden ist der folgende Ablauf vorgesehen:

- Vorbefragung

- Einweisung in den Simulator und den folgenden Versuchablauf

- Durchführung einer Eingewöhnungsfahrt

- Durchführung einer Beschleunigungsfahrt mit anschließender Befragung

- Durchführung der Applikationsfahrten mit anschließender Befragung

- Nachbefragung

Die Vorbefragung dient der Aufnahme persönlicher Daten, der Fahrerfahrung und des technischen Fachwissens hinsichtlich der Fahrzeugdynamik und der Fahrsimulation. Die Einweisung und die Eingewöhnungsfahrt sollen die Probanden mit der folgenden Situation bekannt machen und eine mögliche Überforderung durch zu viele oder ungewohnte Reize während der Studie vermeiden. Des Weiteren erfolgt eine separate Betrachtung des Empfindens während eines längsdynamischen Beschleunigungsvorganges und der Schaltungsapplikationsfahrten unterschiedlicher Datenstandskonfigurationen. Dadurch soll der Fokus der Probanden während der Applikationsfahrten auf die Gangwechselvorgänge gerichtet und nicht durch mögliche fehlerhafte Cues des allgemeinen längsdynamischen Verlaufs getrübt werden[33]. Nach jeder Testfahrt erfolgt eine unmittelbare Befragung zum aktuellen Fahreindruck. Im Vergleich zu einer Befragung an einem späteren Zeitpunkt soll dadurch vermieden werden, dass der Eindruck aufgrund kognitiver Verzerrungen inakkurat oder falsch wiedergegeben wird [88]. In einer Nachbefragung wird der Fahreindruck gesamtheitlich betrachtet und die Akzeptanz eines virtuellen Versuchsablaufs ermittelt.

Die Untersuchung wird als Expertenstudie mit einer Teilnehmerzahl von 12 Personen angesehen. Jeder der Teilnehmer weist eine Fahrerfahrung von mindestens 10 Jahren auf. Aufgrund eines einschlägigen Studiums und beruflicher Tätigkeit besitzt der Personenkreis gutes bis sehr gutes Fachwissen in den Themenfeldern Fahrzeugtechnik, Fahrzeugdynamik und Motion Cueing. Des Weiteren sind diese bereits mehrmalig in einem Fahrsimulator gefahren. Infolgedessen wird die Teilnehmergröße als repräsentativ erachtet.

Die Durchführung der Studie und die Befragung der Teilnehmer beruht auf der Grundlage eines vorbereiteten Fragebogens (siehe Kapitel A.15). Die Arbeit von [191] dient als Orientierung zur Erstellung des Fragebogens. Tabelle A.16 liefert die Zusammensetzung des Teilnehmerfeldes und die Reihenfolge des Ablaufs. Während der Applikationsfahrten erfolgt eine Befragung zu allen sechs Datensätzen.

---

[33]Insbesondere während des Anfahrvorganges aus dem Stillstand, da hier der Einfluss der Skalierung durch den MCA betragsmäßig am deutlichsten ausfällt.

Für eine abschließende Evaluierung der Datensätze, welche unabhängig von der Testreihenfolge sein soll, wird für jeden Probanden die Testabfolge individuell variiert.

Für einen reproduzierbaren Ablauf über alle Testfahrten wird durch das zugrundeliegende Simulationsmodell der Fahrereinfluss eliminiert. Das bedeutet, für diese Untersuchungen wird die vorliegende Fahrpedaleingabe auf einen Wert von 50% überschrieben. Dadurch erfahren alle Probanden identische Beschleunigungsverläufe und Schaltübergänge. Da der Wert lediglich überschrieben wird und die Teilnehmer weiterhin durch die Betätigung des Fahrpedals das Testszenario starten, wird ihnen dennoch das Gefühl vermittelt das Fahrzeug selbstständig zu steuern.

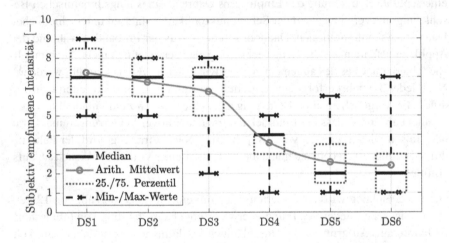

Abbildung 5.16: Subjektive Empfindung von Gangwechselvorgängen mit unterschiedlichen Datenstandskonfigurationen in einem Fahrsimulator

Zur subjektiven Beurteilung der Datenstände erfolgt für die Teilnehmer eine Befragung hinsichtlich der empfundenen Intensität. Diese wird wiederum auf einer definierten Skala von 0 bis 10 wiedergeben, wobei 10 repräsentativ für einen sehr unkomfortablen und 0 für einen nicht spürbaren Schaltvorgang steht. Eine zusammenfassende Darstellung der Befragungsergebnisse aller Teilnehmer ist in Abbildung 5.16 gegeben. Hier lässt sich zunächst konstatieren, dass vergleichend zu den objektiven Ergebnissen (Abbildung 5.15) die Zuordnung qualitativ nach den Erwartungen getroffen wird. Insbesondere der Verlauf von DS3 nach DS6 zeigt eine deutlich Korrelation zum Verlauf des D-Kriteriums. DS2 und DS3 zeigen im Median der Teilnehmer ein identisches Identitätslevel. Allerdings wird DS3 im arithmetischen Mittel geringfügig angenehmer empfunden. Aus der Nachbefragung resultiert hier, dass beide Konfigurationen als ähnlich intensiv empfunden werden. Allerdings entspricht für die meisten Teilnehmer die Präsentation der Schaltungen von DS3 mehr der Erwartung einer sportlichen Schaltung und wird infolgedessen als angenehmer eingestuft. Der als unkomfortabel kategorisierte Datensatz DS1 zeigt auch in der subjektiven Untersuchung die höchste empfundene Intensität. Auch hier spiegelt sich die Erwartungshaltung der Probanden wieder. Teilnehmer, welche einen deutlichen Ruck im Schaltprozess als sportlich und nicht als unangenehm empfinden, gaben hier eine geringere Intensität an. Infolgedessen fällt die Differenz zwischen DS1 und DS2 im Vergleich zur objektiven Untersuchung deutlich geringer aus. Des Weiteren sind die nach oben ausreißenden Maximalwerte bei DS5 und DS6 erwähnenswert. Der verantwortliche Teilnehmer empfand die Schaltübergänge als kaum bis nicht spürbar, was für diesen wiederum als unangenehm wahrgenommen wurde.

Zusammenfassend zeigt sich eine hinreichend genaue Übereinstimmung zwischen der wahrgenommenen Intensität und dem ermittelten D-Kriterium. Vor dem Hintergrund der Untersuchungen des Frequenzverhaltens und der Abbildung der unterschiedlichen Beschleunigungsniveaus, lässt sich eine korrekte Simulatorbewegung in Abhängigkeit der Sollvorgabe festhalten. Daraus kann abgeleitet werden, dass das gewählte Gütekriterium durchaus in der Lage ist, Schaltvorgänge sinnvoll zu bewerten, allerdings die menschliche Erwartungshaltung außer Acht lässt. Resümierend ergibt die gute Übereinstimmung zur Probandenbefragung und die schnelle Berechenbarkeit, dass das gewählte Kriterium ein sinnvolles Maß zur Vorapplikation in einer SiL-Umgebung darstellt. Die Untersuchungen zeigen, dass durch die Integration eines Fahrsimulators ein nahtloser Übergang zwischen automatisierter Datensatzoptimierung und reproduzierbarer subjektiver Validierung erreicht werden kann.

Der gesamte Eindruck der Studie ist in den Ergebnissen der Nachbefragung in Abbildung 5.17 zusammengefasst. Darin wird für 83% der Teilnehmer die Repräsentation der Längsdynamik als realistisch bis sehr realistisch empfunden. Von den restlichen Teilnehmern wird insbesondere der Anfahrvorgang als unrealistisch wahrgenommen. Dies ist nachvollziehbar, da der Simulator zu Beginn für die Bereitstellung des hohen Beschleunigungspotentials und aufgrund der Arbeitsraumbeschränkung des Schlittensystems deutliche Kippbewegungen des Hexapods ausführen muss.

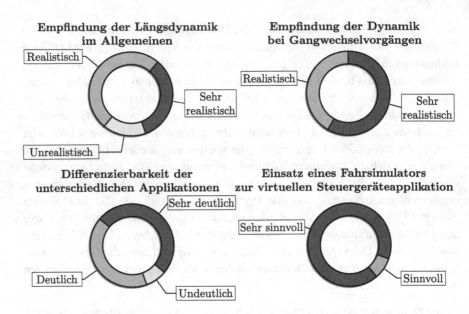

Abbildung 5.17: Ergebnisse zur Nachbefragung der Probandenstudie

Cues infolge transienter Kippbewegungen können dann als unnatürlich empfunden werden. In der Fahrsimulation existiert, ähnlich wie in jeder anderen Simulation, immer eine gewisse Abweichung zur Realität. Der Fokus muss dabei immer sein, den resultierenden Fehler für die zu untersuchende Fragestellung möglichst zu minimieren. Der Schwerpunkt der Untersuchungen liegt in den Applikationsfahrten, in welchen die transienten Gangwechselvorgänge von allen Probanden als realistisch (42%) bis sehr realistisch (58%) wahrgenommen werden. Des Weiteren war es durchweg sehr gut möglich unterschiedlich intensive Schaltungsapplikationen voneinander zu differenzieren. Die abschließende Fragestellung zur Sinnhaftigkeit eines Fahrsimulators zur virtuellen Steuergeräteapplikation wird von 92% der Teilnehmer als sehr sinnvoll und von 8% als sinnvoll angesehen. Die Beurteilung beruht auf der Tatsache, dass der Applikationsprozess mit den identischen Mitteln wie in einer realen Fahrzeugerprobung durchgeführt werden konnte, dies allerdings ohne die Notwendigkeit eines realen Versuchsträgers und einer realen Teststrecke. Dafür jedoch in einem reproduzierbaren und sicheren Testumfeld mit definierten Umgebungsrandbedingungen.

6 Schlussfolgerung und Ausblick

Detaillierte Simulationsmodelle, virtuelle Steuergeräte und Fahrsimulatoren bieten enormes Potential im aktuellen und zukünftigen Produktentstehungsprozess von Kraftfahrzeugen. Diese Arbeit verbindet die drei Elemente und nutzt jene gezielt vor dem Hintergrund der Auslegung optimaler Parametersätze für Steuergerätefunktionen.

Zur automatisierten Applikation der Datensätze wurde ein neuartiger Optimierungsansatz vorgestellt. Die Optimierungsmethode reiht sich in die Klasse der multikriteriellen Zielfindungsalgorithmen ein. Im Gegensatz zu klassischen evolutionären Berechnungsmethoden greift der hier vorgestellte Ansatz auf die Technik des Reinforcement Learnings zurück. Reinforcement Learning zählt zu einer Unterkategorie des maschinellen Lernens und ist in der Lage, selbstständig und ohne Vorgabe eines Trainingsdatensatzes optimale Lösungsstrategien zu entwickeln. Der Reinforcement Learning Agent versucht dabei iterativ durch zunächst zufällig gewählte Handlungen die bestmögliche Aktion für jeden Zustand zu erlernen. Die Erweiterung des Agenten mit tiefen neuronalen Netzen ermöglicht die Erfassung eines umfassenderen State-Action-Spaces und erlaubt es dem Agenten für bisher unbekannte Zustände Schlussfolgerungen für korrekte Aktionen zu treffen.

Der vorgestellte Optimierungsansatz greift auf mehrere solcher Agenten zurück, um den Lösungsraum nach mehreren optimalen, ergo multikriteriellen Lösungen zu durchsuchen. Die Bestimmung des größtmöglichen Hypervolumens erfolgt durch einen zentralisierten Ansatz zur monotonen Approximation der Wertefunktion. Dies ermöglicht die Bestimmung der optimalen Pareto-Front infolge kooperativer Handlungsstrategien mehrerer unabhängiger künstlicher Intelligenzen.

Mit direkter Optimierung am Zielsystem und ohne die Notwendigkeit zur Ersatzmodellbildung weist die Lösung einen hohen Genauigkeitsgrad auf. Hinsichtlich der durchgeführten Untersuchungen sind die resultierenden Ergebnisse vergleichbar zu evolutionären Ansätzen.

Die Verkopplung des Stuttgarter Fahrsimulators mit virtualisierten Steuergeräten liefert einen weiteren Beitrag zum Frontloading-Prozess hinsichtlich der virtuellen

© Der/die Autor(en), exklusiv lizenziert an
Springer Fachmedien Wiesbaden GmbH, ein Teil von Springer Nature 2023
M. Scheffmann, *Ein selbstlernender Optimierungsalgorithmus zur virtuellen
Steuergeräteapplikation*, Wissenschaftliche Reihe Fahrzeugtechnik Universität
Stuttgart, https://doi.org/10.1007/978-3-658-41972-1_6

Auslegung von Datenständen höheren Reifegrades. Die Einbindung des Fahrsimulators ermöglicht es Menschen bereits in einer sehr frühen Phase der Produktentstehung das System zu erleben. Im Zusammenhang mit der Steuergerätekalibrierung bietet sich der große Vorteil das ansonsten simulativ schwierige Feld der subjektiven Beurteilung zu betrachten. Gegensätzlich zum realen Fahrversuch geschieht dies in einer vollständig anpassbaren und reproduzierbaren Umgebung, ohne die Kritikalität zur Notwendigkeit realer Versuchsfahrzeuge.

Für die Verkopplung des Fahrsimulators wurde eine echtzeitfähige Co-Simulationsumgebung mit einem hohen Realitätsgrad umgesetzt. Die Fahrzeugsimulation wurde gegenüber einem Realfahrzeug validiert und das virtuelle Steuergerät verarbeitet den gleichen Programmcode wie dessen realer Zwilling. Die Ausführung des realen Codes mit korrekter zeitlicher Diskretisierung macht an dieser Stelle eine komplexe HiL-Simulation überflüssig. Die Einbindung der realen Fahrzeugnetzwerkarchitektur für den Datenaustausch zwischen Fahrzeugsimulation und VECU, mit den identischen Eigenschaften wie im Zielfahrzeug, erhöht den Realitätsgrad zusätzlich.

Schlussendlich konnte durch eine am Fahrsimulator durchgeführte Probandenstudie die Möglichkeit zur subjektiven Fahrbarkeitsapplikation virtueller Steuergeräte nachgewiesen werden. Die Untersuchungen erfolgten auf Basis von Datensätzen, welche durch die vorgestellte Optimierungsmethode generiert wurden. Die Probanden waren durchweg in der Lage, die Datensätze korrekt zu identifizieren und bestätigten ein realistisches Fahrgefühl.

Vor dem Hintergrund des Entstehungsprozesses automobiler Software nach dem vorgestellten V-Modell (Abbildung 2.1), werden applikative Aufgaben üblicherweise erst in der Phase des operativen Tests und der Bewertung durchgeführt. Durch den methodischen Ansatz aus objektiver Optimierung und subjektiver Validierung in einer detaillierten SiL-Umgebung lässt sich diese Tätigkeit bereits in die Phase der Implementierung der Software-Komponenten vorverlagern. Neben dem hervorgehobenen Potential hinsichtlich des Frontloadings wird weiterhin ein Beitrag auf dem Gebiet der kooperativen Strategieentwicklung durch selbstlernende Methoden geleistet. Die vorgestellten Ergebnisse bestätigen die Anwendungsmöglichkeit des Reinforcement Learnings auf dem Gebiet der multikriteriellen Optimierung und beantworten somit die eingangs definierten Forschungsfragestellungen.

Vor dem Hintergrund weiterer Forschungsanstrengungen bietet die angewendete kooperative Reinforcement Learning Methode durchaus Verbesserungspotential.

Das Grundprinzip dieses Ansatzes basiert auf dem Deep Q-Learning Algorithmus und unterscheidet sich hinsichtlich der Verarbeitung des State-Action Raumes nicht von diesem. Das bedeutet, dass zwar Zustände in kontinuierlicher Form verarbeitet werden können, die Ausgabe der Aktionen erfolgt jedoch wertdiskret. Daraus resultiert, dass für jede Aktion ein Ausgabeknoten definiert werden muss. Als sinnvoll erachtet werden infolgedessen Untersuchungen mit Actor-Critic-Methoden, welche eine kontinuierliche Darstellung des Aktionsraumes ermöglichen. Es besteht somit, aufgrund der resultierenden schlankeren Gestaltung des Approximationsnetzwerkes, das Potential zur effektiveren Durchführung des Lernprozesses.

Des Weiteren wird die direkte Kopplung subjektiver Beurteilungen im Fahrsimulator mit der Reward-Definition des vorgestellten Optimierungsansatzes als vielversprechend erachtet. Der geschlossene Kreis, bestehend aus Versuchsfahrer in der simulierten Umgebung und der künstlichen Intelligenz, könnte somit Optimierungen von ansonsten schwer objektivierbaren Zielgrößen ermöglichen. Woraus letztendlich eine weitere Steigerung hinsichtlich der Leistungsfähigkeit vorgelagerter Methoden zu erwarten ist.

Literaturverzeichnis

[1] ABBEEL, P. u. a. „An Application of Reinforcement Learning to Aerobatic Helicopter Flight." In: Jan. 2006, S. 1–8.

[2] ABELS, H. „Seekrankheit und Gleichgewichtssinn". In: *Klinische Wochenschrift*. 5. März 1926, S. 489–493.

[3] AKAIKE, H. „Information Theory and an Extension of the Maximum Likelihood Principle." In: *Proceedings of the Second International Symposium on Information Theory*. Budapest, Sep. 1973, S. 267–281.

[4] ALLEN, D. M. *The Prediction Sum of Squares as a Criterion for Selecting Predictor Variables*. Techn. Ber. Technical Report Number 23. Department of Statistics, University of Kentucky, 1971.

[5] ASAFUDDOULA, M. u. a. „An adaptive constraint handling approach embedded MOEA/D". In: *2012 IEEE Congress on Evolutionary Computation*. 2012, S. 1–8. DOI: 10.1109/CEC.2012.6252868.

[6] *ASAM MCD-2 MC - ECU Measurement and Calibration Data Exchange Format - Datasheet*. online. URL: https://www.asam.net/standards/detail/mcd-2-mc/.

[7] *ASAM MCD-3 MC - Datasheet*. online. URL: https://www.asam.net/standards/detail/mcd-3-mc/.

[8] *Association for Standardisation of Automation and Measuring Systems*. online. URL: https://www.asam.net/.

[9] AUTO MOTOR UND SPORT. *VW Golf*. 2021. URL: https://www.auto-motor-und-sport.de/marken-modelle/vw/golf/ (Abrufdatum 04.07.2021).

[10] AUTOSAR. *Automotive Open System Architecture*. 2021. URL: https://www.autosar.org (Abrufdatum 05.08.2021).

[11] BASS, K. „Optimierung von Betriebsstrategien für elektrifizierte Antriebskonzepte". Diss. Kassel: Universität Kassel, März 2015.

[12]   BAUMANN, G. u. a. „The New Driving Simulator of Stuttgart University".
       In: *12th Stuttgart International Symposium*. Stuttgart, 2012.

[13]   BAUMANN, G. u. a. „Virtuelle Fahrversuche im neuen Stuttgarter Fahrsimu-
       lator". In: *5. IAV-Tagung: Simulation und Test für die Automobilelektronik*.
       Berlin, 2012.

[14]   BAUMGARTNER, E. *Frontloading durch Fahrbarkeitsbewertungen in Fahr-
       simulatoren*. 1. Auflage. Wiesbaden: Springer Vieweg, 2021. ISBN: 978-3-
       658-36307-9.

[15]   BERGER, B. „Modeling and Optimization for Stationary Base Engine
       Calibration". Diss. München: Technische München, Nov. 2012.

[16]   BEUME, N. „S-Metric Calculation by Considering Dominated Hypervolu-
       me as Klee's Measure Problem". In: *Evolutionary Computation* 17.4 (Dez.
       2009), S. 477–492. ISSN: 1063-6560. DOI: 10.1162/evco.2009.17.4.
       17402.

[17]   BIER, M., LASSENBERGER, S. und BEIDL, C. „Multikriterielle modell-
       basierte Optimierung von Hybridbetriebstrategien". In: *13. MTZ Tagung
       Virtual Powertrain Creation*. 2011. URL: http://tubiblio.ulb.tu-
       darmstadt.de/112934/.

[18]   BIER, M. u. a. „Entwicklung und Optimierung von Hybridantrieben am
       X-in-the-Loop-Motorenprüfstand". In: *MTZ* 73.5 (März 2012), S. 240–247.

[19]   BISHOP, C. M. *Pattern Recognition and Machine Learning*. 1., Aufl. In-
       formation Science and Statistics. Springer-Verlag New York, 2006. ISBN:
       978-0-387-31073-2.

[20]   BISHOP, C. M. *Pattern recognition and machine learning*. Corrected at 8th
       printing 2009. Information science and statistics. New York, NY: Springer,
       2009. ISBN: 978-0387-31073-2.

[21]   BLANCO-RODRIGUEZ, D. u. a. „Modellbasiertes Werkzeug für die Emissi-
       onskalibrierung moderner Diesel-Antriebsstränge". In: *MTZ* 77.10 (Okto-
       ber 2016), S. 64–69.

[22]   BMW GROUP CLASSIC. *BMW Group Archiv*. 2021. URL: https:
       //bmw-grouparchiv.de/ (Abrufdatum 23.07.2021).

[23]   BOEHM, B. W. „Verifying and validating software requirements and design
       specifications". In: *IEEE Software* (1984), S. 75–88.

[24]   BOEHM, W. B. In: *IEEE Computer* 21.5 (1988), S. 61–72.

[25] BORGEEST, K. *Elektronik in der Fahrzeugtechnik*. 2021. ISBN: 978-3-658-23663-2. DOI: 10.1007/978-3-658-23664-9.

[26] BÖSCH, P., AMMON, D. und KLEMPAU, F. „Reifenmodelle - Wunsch und Wirklichkeit aus der Sicht der Fahrzeugentwicklung". In: *4. Darmstädter Reifenkolloquium*. Düsseldorf: VDI-Verlag, Okt. 2002, S. 87–101.

[27] BOSCH REXROTH B.V. *8 DOF Motion System - System Description*. NL-5280 AA Boxtel - The Netherlands, Mai 2010.

[28] BRAESS, H.-H. und SEIFFERT, U., Hrsg. *Handbuch Kraftfahrzeugtechnik*. 7. Auflage. ATZ/MTZ-Fachbuch. Wiesbaden: Springer Vieweg, 2013, S. 1264. ISBN: 978-3-658-01690-6.

[29] BREIMAN, L. u. a. „Classification and Regression Trees". In: 1983.

[30] CABRERA CANO, M., GEIMER, M. und NEUMERKEL, D. „Black-Box-Modelle zur systematischen numerischen Vereinfachung von physikalischen Automatikgetriebemodellen". In: *SIMPEP 4. Kongress zu Einsatz und Validierung von Simulationsmethoden für Antriebstechnik,17.-18.9.2014; Koblenz/Lahnstein*. 2014, S. 1–12.

[31] CHENG, Y. „Implementierung und Validierung von Verfahren des selbstverstärkten Lernens". Forschungsarbeit - Betreuer: Scheffmann, Marco. Universität Stuttgart, 2019.

[32] CHUNG, J. u. a. „Empirical evaluation of gated recurrent neural networks on sequence modeling". In: *NIPS 2014 Workshop on Deep Learning, December 2014*. 2014.

[33] CONCURRENT REAL-TIME. *Guaranteed High-Performance Real-Time Solutions*. URL: https://www.concurrent-rt.com/ (Abrufdatum 19.10.2021).

[34] DAMBLIN, G., COUPLET, M. und IOOSS, B. „Numerical studies of space-filling designs: Optimization of Latin Hypercube Samples and subprojection properties". In: *Journal of Simulation* 7 (Juli 2013). DOI: 10.1057/jos.2013.16.

[35] DEB, K. u. a. „A fast and elitist multiobjective genetic algorithm: NSGA-II". In: *IEEE Transactions on Evolutionary Computation* 6.2 (Apr. 2002), S. 182–197. ISSN: 1089-778X. DOI: 10.1109/4235.996017.

[36] DSPACE. *Production Code Generation Guide*. Paderborn: dSpace GmbH, 2005.

[37] DUNTEMAN, G. *Principal Components Analysis*. A Sage Publications Nr. 69. SAGE Publications, 1989. ISBN: 9780803931046.

[38] EHRGOTT, M. „Multiobjective Optimization". In: *AI Magazine* 29 (Dez. 2008), S. 47–57. DOI: 10.1007/978-0-387-76635-5_6.

[39] ERTEL, W. *Grundkurs Künstliche Intelligenz - Eine praxisorientierte Einführung*. 4. Auflage. Computational Intelligence. Wiesbaden: Springer Vieweg, 2016. ISBN: 978-3-658-13548-5.

[40] FAHRMEIR, L. u. a. *Statistik - Der Weg zur Datenanalyse*. 8. Auflage. Springer-Lehrbuch. Berlin: Springer-Verlag, 2016. ISBN: 978-3-662-50371-3.

[41] FANG, K.-T. und MA, C. „Centered L_2-Discrepancy Of Random Sampling And Latin Hypercube Design, And Construction Of Uniform Designs". In: *Mathematics of Computation* 71 (Aug. 1999). DOI: 10.1090/S0025-5718-00-01281-3.

[42] FANG, K.-T. u. a. *Theory and Application of Uniform Experimental Designs*. 1., Aufl. Lecture Notes in Statistics. Springer Singapore, 2018. ISBN: 978-981-13-2040-8.

[43] FARR, T. G. u. a. „The Shuttle Radar Topography Mission". In: *Reviews of Geophysics* 45.2 (2007). DOI: https://doi.org/10.1029/2005RG 000183.

[44] FISCHER, M. „Motion-Cueing-Algorithmen für eine realitätsnahe Bewegungssimulation". Diss. Braunschweig: Technische Universität Carolo-Wilhelmina zu Braunschweig, Fakultät für Maschinenbau, Mai 2009.

[45] FISCHER, R. u. a., Hrsg. *Das Getriebebuch*. 2. Auflage. Der Fahrzeugantrieb. Wiesbaden: Springer Vieweg, 2016, S. 387. ISBN: 978-3-658-13103-6.

[46] FISHER, R. *Statistical Methods for Research Workers*. Biological monographs and manuals. Oliver und Boyd, 1925.

[47] FLEISCHER, M. „The Measure of Pareto Optima Applications to Multi-Objective Metaheuristics". In: *Proceedings of the 2nd International Conference on Evolutionary Multi-Criterion Optimization*. EMO'03. Faro, Portugal: Springer-Verlag, 2003, S. 519–533. ISBN: 3540018697.

[48] FONSECA, C. M., PAQUETE, L. und LÓPEZ-IBÁÑEZ, M. „An Improved Dimension-Sweep Algorithm for the Hypervolume Indicator". In: Aug. 2006, S. 1157–1163. DOI: 10.1109/CEC.2006.1688440.

[49] FORD MOTOR COMPANY. *Ford - Our History*. 2021. URL: `https://cor porate.ford.com/about/history.html` (Abrufdatum 23.07.2021).

[50] FREUER, A. *Ein Assistenzsystem für die energetisch optimierte Längsführung eines Elektrofahrzeugs*. 1. Auflage. Wiesbaden: Springer Vieweg, 2016. ISBN: 978-3-658-13604-8.

[51] *Functional safety of electrical/electronic/programmable electronic safety-related systems*. Techn. Ber. IEC 61508-1. International Electrotechnical Commission, 2010.

[52] GAO, N. u. a. „Online Optimal Investment Portfolio Model Based on Deep Reinforcement Learning". In: *2021 13th International Conference on Machine Learning and Computing*. ICMLC 2021. Shenzhen, China: Association for Computing Machinery, 2021, S. 14–20. ISBN: 9781450389310. DOI: `10.1145/3457682.3457685`.

[53] GEELY HOLDING GROUP CO. *Our History*. 2021. URL: `http://global.geely.com/history/` (Abrufdatum 21.07.2021).

[54] GÖDEL, K. „Diskussion zur Grundlegung der Mathematik, Erkenntnis 2". In: *Monatsheft für Mathematik und Physik* 32 (1931), S. 147–148.

[55] GOOGLE DEVELOPERS. *Google Maps Platform - Directions API*. 2022. URL: `https://developers.google.com/maps/documentation/directions?hl=de` (Abrufdatum 16.03.2022).

[56] GRANT, P. R. „The Development of a Tuning Paradigm for Flight Simulator Motion Drive Algorithms". Diss. CAN, 1996. ISBN: 0612117324.

[57] GROEN, J. J. und JONGKEES, L. B. W. „The threshold of angular acceleration perception". In: *The Journal of Physiology* 107 (1948), S. 1–7.

[58] GUERREIRO, A., FONSECA, C. und EMMERICH, M. „A fast dimension-sweep algorithm for the hypervolume indicator in four dimensions". In: Aug. 2012.

[59] HA, D., DAI, A. M. und LE, Q. V. „HyperNetworks". In: *5th International Conference on Learning Representations, ICLR 2017, Toulon, France, April 24-26, 2017, Conference Track Proceedings*.

[60] HAARMANN, T. „Implementierung einer Methode zur Mehrkriterienoptimierung von Fahrzeugsteuerungsfunktionen". Masterarbeit - Betreuer: Scheffmann, Marco. Universität Stuttgart, 2017.

[61] HAGERODT, A. „Automatisierte Optimierung des Schaltkomforts von Automatikgetrieben". Diss. Braunschweig: Technische Universität Braunschweig, Juli 2003.

[62] HAKEN, K.-L., Hrsg. *Grundlagen der Kraftfahrzeugtechnik*. 5. Auflage. München: Carl Hanser Verlag, 2018, S. 316. ISBN: 978-3-446-45412-5.

[63] HANSEN, N. *The CMA Evolution Strategy: A Comparing Review*. 2006.

[64] HERE. *HERE Routing API 8*. 2022. URL: https://developer.he re.com/documentation/routing-api/dev_guide/index.html (Abrufdatum 16.03.2022).

[65] HICKERNELL, F. „A Generalized Discrepancy And Quadrature Error Bound". In: *Mathematics of Computation* 67 (Okt. 1998), S. 299–322. DOI: 10.1090/S0025-5718-98-00894-1.

[66] HICKERNELL, F. J. „Koksma–Hlawka Inequality". In: *Encyclopedia of Statistical Sciences*. American Cancer Society, 2006. ISBN: 9780471667193. DOI: https://doi.org/10.1002/0471667196.ess4085.pub2.

[67] HOFFMANN, S., KRÜGER, H.-P. und BULD, S. „Vermeidung von Simulator Sickness anhand eines Trainings zur Gewöhnung an die Fahrsimulation". In: *Simulation und Simulatoren - Mobilität virtuell gestalten*. Hrsg. von VERKEHRSTECHNIK, V.-G. F. und. VDI-Berichte 1745. VDI-Verlag, 2003.

[68] HORNIK, K., STINCHCOMBE, M. und WHITE, H. „Multilayer feedforward networks are universal approximators". In: *Neural Networks* 2.5 (1989), S. 359–366. ISSN: 0893-6080.

[69] HOSMAN, R. J. A. W. und VAN DER VAART, J. C. „Vestibular models and thresholds of motion perception. Results of tests in a flight simulator". In: *Delft University of Technology - Department of Aerospace Engineering - Report LR* 265 (Apr. 1978), S. 1–84.

[70] HOSSAM, F., IBRAHIM, A. und SEYEDALI, M. „Evolving Radial Basis Function Networks Using Moth–Flame Optimizer". In: *Handbook of Neural Computation* (2017), S. 537–550. DOI: https://doi.org/10. 1016/B978-0-12-811318-9.00028-4.

[71] HÜLSMANN, A. „Methodenentwicklung zur virtuellen Auslegung von Lastwechselphänomenen in Pkw". Diss. München: Technische Universität München, Mai 2007.

[72] HYUNDAI MOTOR DEUTSCHLAND GMBH. *Philosophie und Fakten.* 2021. URL: https://www.hyundai.de/ueber-uns/unternehmen/ (Abrufdatum 22.07.2021).

[73] INFINEON. *TriCore 1.3 Architecture Overview Handbook.* München: Infineon Technologies AG, 2002.

[74] IPG AUTOMOTIVE GMBH. *CarMaker: Virtual testing of automobiles and light-duty vehicles.* URL: https://ipg-automotive.com/products-services/simulation-software/carmaker/ (Abrufdatum 19.10.2021).

[75] IPG AUTOMOTIVE GMBH. *Xpack4 Technology Scalable and reliable real-time system solutions.* URL: https://ipg-automotive.com/products-services/real-time-hardware/xpack4-technology/ (Abrufdatum 19.10.2021).

[76] ISO CENTRAL SECRETARY. *Human response to vibration — Measuring instrumentation.* Standard ISO 8041-1:2017. Geneva, CH: International Organization for Standardization, 2017. URL: https://www.iso.org/obp/ui/#iso:std:iso:8041:-1:ed-1:v1:en.

[77] ISO CENTRAL SECRETARY. *Mechanical vibration and shock — Evaluation of human exposure to whole-body vibration.* Standard ISO 2631-1:1997. Geneva, CH: International Organization for Standardization, 1997. URL: https://www.iso.org/obp/ui/#iso:std:iso:2631:-1:ed-2:v2:en.

[78] ISO CENTRAL SECRETARY. *Road vehicles — FlexRay communications system.* Standard ISO 17458-1:2013. Geneva, CH: International Organization for Standardization, 2013. URL: https://www.iso.org/obp/ui/#iso:std:iso:17458:-1:ed-1:v1:en.

[79] ISO CENTRAL SECRETARY. *Road vehicles — Functional safety.* Standard ISO 26262-1:2018. Geneva, CH: International Organization for Standardization, 2018. URL: https://www.iso.org/obp/ui/#iso:std:iso:26262:-1:ed-2:v1:en.

[80] ISO CENTRAL SECRETARY. *Road vehicles — Local Interconnect Network (LIN).* Standard ISO 17987-1:2016. Geneva, CH: International Organization for Standardization, 2016. URL: https://www.iso.org/obp/ui/#iso:std:61222:en.

[81] ISO CENTRAL SECRETARY. _Road vehicles — Open interface for embedded automotive applications_. Standard ISO 17356-1:2005. Geneva, CH: International Organization for Standardization, 2005. URL: https://www.iso.org/obp/ui/#iso:std:iso:17356:-1:ed-1:v1:en.

[82] JAGT, P. v. d. _The road to virtual vehicle prototyping new CAE-models for accelerated vehicle dynamics development_. 2000. ISBN: 9038625529.

[83] JANKOV, K. „Beitrag zur automatisierten Steuerkennfeld-Applikation bei Fahrzeug-Dieselmotoren". Diss. Berlin: Technische Universität Berlin, Juli 2008.

[84] JASZKIEWICZ, A. „Improved quick hypervolume algorithm". In: _Computers and Operations Research_ 90 (2018), S. 72–83. ISSN: 0305-0548. DOI: https://doi.org/10.1016/j.cor.2017.09.016.

[85] JOHNSON, M., MOORE, L. und YLVISAKER, D. „Minimax and maximin distance designs". In: _Journal of Statistical Planning and Inference_ 26.2 (1990), S. 131–148. ISSN: 0378-3758. DOI: https://doi.org/10.1016/0378-3758(90)90122-B.

[86] JOOS, H.-D. u. a. _A Multi-Objective Optimisation-Based Software Environment for Control Systems Design_. 2002.

[87] KAHLBAU, S. „Mehrkriterielle Optimierung des Schaltablaufs von Automatikgetrieben". Diss. Cottbus-Senftenberg: Brandenburgische Technische Universität, Feb. 2013.

[88] KAHNEMAN, D. _Schnelles Denken, langsames Denken_. München: Siedler, 2012. ISBN: 978-3-88680-886-1.

[89] KINGMA, H. „Thresholds for perception of direction of linear acceleration as a possible evaluation of the otolith function". In: _BMC ear, nose, and throat disorders_ 5 (Juli 2005), S. 5. DOI: 10.1186/1472-6815-5-5.

[90] KNOWLES, J. und CORNE, D. „The Pareto archived evolution strategy: a new baseline algorithm for Pareto multiobjective optimisation". In: _Proceedings of the 1999 Congress on Evolutionary Computation-CEC99 (Cat. No. 99TH8406)_. Bd. 1. 1999, 98–105 Vol. 1. DOI: 10.1109/CEC.1999.781913.

[91] KOCH, J. „Modellbildung und Simulation eines Automatikgetriebes zur Optimierung des dynamischen Schaltungsablaufs". Diss. Stuttgart: Universität Stuttgart, Aug. 2001.

[92]   KOPP, C. und SCHALLER, J. „Applikation von Dieselmotoren“. In: *Hand-buch Dieselmotoren* (2016), S. 1–20. DOI: 10.1007/978-3-658-07997-0_38-1.

[93]   KÖRTGEN, C. u. a. „Automated calibration of a tractor transmission control unit“. In: *10th International Fluid Power Conference*. Dresden, Germany, März 2016, S. 399–412.

[94]   KRAFTFAHRT-BUNDESAMT. *Bestand an Personenkraftwagen nach Segmenten und Modellreihen*. 2021. URL: https://www.kba.de/DE/Statistik/Fahrzeuge/Bestand/Segmente/segmente_node.html (Abrufdatum 24.07.2021).

[95]   KROLL, P. „Implementierung von flexiblen Fahrstreckenmodellen zur Ermöglichung des virtuellen Fahrversuchs“. Masterarbeit - Betreuer: Scheffmann, Marco. Universität Stuttgart, 2017.

[96]   KUNCZ, D. *Schaltzeitverkürzung im schweren Nutzfahrzeug mittels Synchronisation durch eine induzierte Antriebsstrangschwingung*. 1. Auflage. Wiesbaden: Springer Vieweg, 2017. ISBN: 978-3-658-18130-7.

[97]   LACOUR, R., KLAMROTH, K. und FONSECA, C. M. „A box decomposition algorithm to compute the hypervolume indicator“. In: *Computers and Operations Research* 79 (2017), S. 347–360. ISSN: 0305-0548. DOI: https://doi.org/10.1016/j.cor.2016.06.021.

[98]   LEE, S.-Y. u. a. „Virtual calibration based on X-in-the-Loop: HiL Simulation of Virtual Diesel Powertrain“. In: *19. MTZ-Fachtagung „Simulation und Test“*. Hanau, Germany: Springer Fachmedien Wiesbaden GmbH, Sep. 2017.

[99]   LI, Z. u. a. „Reinforcement Learning for Robust Parameterized Locomotion Control of Bipedal Robots“. In: *2021 IEEE International Conference on Robotics and Automation (ICRA)*. 2021, S. 1–7.

[100] LINSSEN, R., UPHAUS, F. und MAUSS, J. „Simulation vernetzter Steuergeräte für die Fahrbarkeitsapplikation“. In: *ATZ elektronik* 11 (Aug. 2016), S. 16–21.

[101] LIVINGINTERNET.COM. *Dartmouth Artificial Intelligence (AI) Conference*. 2021. URL: https://www.livinginternet.com/i/ii_ai.htm (Abrufdatum 31.10.2021).

[102] LOPEZ, P. A. u. a. „Microscopic Traffic Simulation using SUMO". In: *The 21st IEEE International Conference on Intelligent Transportation Systems.* IEEE, 2018. URL: https://elib.dlr.de/124092/.

[103] LOPHAVEN, S., NIELSEN, H. B. und SØNDERGAARD, J. *ASPECTS OF THE MATLAB TOOLBOX DACE.* Techn. Ber. INFORMATICS und MA-THEMATICAL MODELLING (IMM), Technical University of Denmark, 2002.

[104] LUMPP, B. u. a. „Desktop Simulation and Calibration of Diesel Engine ECU Software using Software-In-The-Loop Methodology". In: *GT-SUITE European Conference.* Frankfurt, Germany, Oktober 2013.

[105] MAATEN, L. van der und HINTON, G. „Visualizing Data using t-SNE". In: *Journal of Machine Learning Research* 9.86 (2008), S. 2579–2605.

[106] MALLOWS, C. L. „Some Comments on CP". In: *Technometrics* 15.4 (1973), S. 661–675. ISSN: 00401706.

[107] MARTINI, E. u. a. „Effiziente Motorapplikation mit lokal linearen neurona-len Netzen". In: *MTZ* 64.5 (Mai 2003), S. 407–413.

[108] MATTHIES, F. „Beitrag zur Modellbildung von Antriebssträngen für Fahr-barkeitsuntersuchungen". Diss. Berlin: Technische Universität Berlin, Mai 2013.

[109] MAUSS, J. und SIMONS, M. „Chip simulation of automotive ECUs". In: Bd. 7. Sep. 2012. DOI: 10.1365/s38314-012-0135-9.

[110] MERCEDES-BENZ AG. *Mercedes-Benz Classic.* 2021. URL: https://www.mercedes-benz.com/de/classic/ (Abrufdatum 23.07.2021).

[111] MERKER, G. P. und TEICHMANN, R., Hrsg. *Grundlagen Verbrennungs-motoren.* 9. Auflage. Wiesbaden: Springer Vieweg, 2019, S. 1481. ISBN: 978-3-658-23556-7.

[112] MEYER, D. „MOMBES Multiobjective Modelbased Evolution Strategy". In: *Forschungsbericht Künstliche Intelligenz FKI-246-02* (2016), S. 1–41.

[113] MIRA LTD. *MISRA-C:2004 Guidelines for the use of the C language in Critical Systems.* MIRA, Okt. 2004. URL: www.misra.org.uk.

[114] MITSCHKE, M. und WALLENTOWITZ, H. *Dynamik der Kraftfahrzeuge.* 5. Auflage. Wiesbaden: Springer Vieweg, 2014. ISBN: 978-3-658-05067-2.

[115] MIUNSKE, T. *Ein szenarienadaptiver Bewegungsalgorithmus für die Längsbewegung eines vollbeweglichen Fahrsimulators*. 1. Auflage. Berlin Heidelberg New York: Springer-Verlag, 2020. ISBN: 978-3-658-30469-0.

[116] MNIH, V. u. a. „Human-level control through deep reinforcement learning". In: *Nature* 518 (2015), S. 529–533. DOI: https://doi.org/10.1038/nature14236.

[117] MNIH, V. u. a. „Playing Atari with Deep Reinforcement Learning". In: (Dez. 2013).

[118] MORE, J. J. „Levenberg–Marquardt algorithm: implementation and theory". In: (Jan. 1977).

[119] MOSER, T. und ZENNER, H. „Der Gleichgewichtssinn und die Bewegungs- und Lageempfindung des Menschen". In: *Physiologie des Menschen* (2019). DOI: https://doi.org/10.1007/978-3-662-56468-4_55.

[120] NAUMANN, A. „Wissensbasierte Optimierungsstrategien für elektronische Steuergeräte an Common-Rail-Dieselmotoren". Diss. Berlin: Technische Universität Berlin, Juni 2002.

[121] NEBEL, M. „Entwicklung einer virtuellen Streckenbeschreibung einer Verbrennungskraftmaschine für Aufgaben der Applikation". Diss. Graz: TU Graz, Oktober 2010.

[122] NELLES, O. „LOLIMOT - Lokale, lineare Modelle zur Identifikation nichtlinearer, dynamischer Systeme". In: *at - Automatisierungstechnik* 45.4 (1997), S. 163–174.

[123] NELLES, O. *Nonlinear System Identification - From Classical Approaches to Neural Networks, Fuzzy Models, and Gaussian Processes*. 2. Physics and Astronomy. Cham: Springer, 2020. ISBN: 978-3-030-47439-3.

[124] NESETRIL, J. *Diskrete Mathematik - Eine Entdeckungsreise*. 2., Aufl. Springer-Lehrbuch. Springer-Verlag Berlin Heidelberg, 2007. ISBN: 978-3-540-30150-9.

[125] NESTI, A. u. a. „Roll rate thresholds and perceived realism in driving simulation". In: *Driving Simulator Conference*. Hrsg. von S. ESPIÉ, A. KEMENY, F. MÉRIENNE. Bron, France, Sep. 2012.

[126] NG, A. u. a. „Inverted autonomous helicopter flight via reinforcement learning". In: *Proceedings of the International Symposium on Experimental Robotics* (Jan. 2004).

[127]   OLIEHOEK, F. A. und AMATO, C. *A Concise Introduction to Decentralized POMDPs*. 1. Aufl. SpringerBriefs in Intelligent Systems. Cham: Springer, 2016. ISBN: 978-3-319-28927-4.

[128]   OPENROUTESERVICE. *openrouteservice API V2 documentation*. 2022. URL: https://openrouteservice.org/dev/#/api-docs (Abrufdatum 16.03.2022).

[129]   OPENWEATHER. *Weather API*. 2022. URL: https://openweathermap.org/api (Abrufdatum 16.03.2022).

[130]   OVERPASS API CONTRIBUTORS. *Overpass API User's Manual*. 2022. URL: https://dev.overpass-api.de/overpass-doc/en/index.html (Abrufdatum 16.03.2022).

[131]   PACEJKA, H. B., Hrsg. *Tire and Vehicle Dynamics (Third Edition)*. Third Edition. Oxford: Butterworth-Heinemann, 2012, S. 632. ISBN: 978-0-08-097016-5.

[132]   PATZER, A. und ZAISER, R. *XCP – Das Standardprotokoll für die Steuergeräte-Entwicklung*. Vector Informatik GmbH, 2016.

[133]   PEARSON, K. „Note on Regression and Inheritance in the Case of Two Parents". In: *Proceedings of the Royal Society of London Series I* 58 (1895), S. 240–242.

[134]   PITZ, J.-O. *Vorausschauender Motion-Cueing-Algorithmus für den Stuttgarter Fahrsimulator*. 1. Auflage. Berlin Heidelberg New York: Springer-Verlag, 2017. ISBN: 978-3-658-17033-2.

[135]   RASHID, T. u.a. „Monotonic Value Function Factorisation for Deep Multi-Agent Reinforcement Learning". In: *Journal of Machine Learning Research* 21.178 (2020), S. 1–51.

[136]   RASHID, T. u.a. „QMIX: Monotonic Value Function Factorisation for Deep Multi-Agent Reinforcement Learning". In: *Proceedings of the 35th International Conference on Machine Learning*. Hrsg. von DY, J. und KRAUSE, A. Bd. 80. Proceedings of Machine Learning Research. PMLR, Okt. 2018, S. 4295–4304.

[137]   RASMUSSEN, C. E. und WILLIAMS, C. K. I. *Gaussian Processes for Machine Learning*. The MIT Press, Nov. 2005. ISBN: 9780262256834.

[138]   REASON, J. und BRAND, J. *Motion Sickness*. Academic Press, 1975. ISBN: 9780125840507.

[139] REIF, K. *Automobilelektronik: Eine Einführung für Ingenieure.* ATZ/MTZ-Fachbuch. Springer Fachmedien Wiesbaden, 2014. ISBN: 9783658050481.

[140] REIF, K. *Dieselmotor-Management: Systeme, Komponenten, Steuerung und Regelung.* Bosch Fachinformation Automobil. Springer Fachmedien Wiesbaden GmbH, 2020. ISBN: 978-3-658-25072-0.

[141] RENAULT GROUP. *Renault - Our heritage.* 2021. URL: https://www.renaultgroup.com/en/our-company/heritage/ (Abrufdatum 22.07.2021).

[142] REYMOND, G. und A., K. „Motion Cueing in the Renault Driving Simulator". In: *Vehicle System Dynamics* 34 (2000), S. 249–259.

[143] RIEMER, T. *Vorausschauende Betriebsstrategie für ein Erdgashybridfahrzeug.* 1. Auflage. Tübingen: Expert-Verlag GmbH, 2012. ISBN: 978-3-8169-3175-1.

[144] RILL, G. „A Modified Implicit Euler Algorithm for Solving Vehicle Dynamic Equations". In: *Multibody System Dynamics* 15 (2006), S. 1–24.

[145] RILL, G. und CASTRO, A. A. *Road Vehicle Dynamics: Fundamentals and Modeling with MATLAB®.* 2nd Edition. CRC Press, 2020, S. 375. ISBN: 9780429244476.

[146] *Robert Bosch GmbH: CAN Specification, Version 2.0, 1991.* online. URL: https://www.bosch-semiconductors.com/ip-modules/can-ip-modules/.

[147] RUMBOLZ, P. „Der neue Stuttgarter Fahrsimulator". In: *18. Esslinger Forum für Kfz- Mechatronik.* Esslingen, Nov. 2012.

[148] RUMELHART, D. E. und MCCLELLAND, J. L. *Parallel Distributed Processing, Volume 1 - Explorations in the Microstructure of Cognition: Foundations.* 1. Cambridge, MA: Bradford Books, 1986. ISBN: 9780262680530.

[149] RUMELHART, D. E. und MCCLELLAND, J. L. „Learning Internal Representations by Error Propagation". In: *Parallel Distributed Processing: Explorations in the Microstructure of Cognition: Foundations.* 1987, S. 318–362.

[150] SANGER, T. „Basis-Function Trees for Approximation in High-Dimensional Spaces". In: 1991.

[151]　SCHÄUFFELE, J. und THOMAS, Z. *Automotive Software Engineering - Grundlagen, Prozesse, Methoden und Werkzeuge effizient einsetzen.* 6. Auflage. ATZ/MTZ-Fachbuch. Wiesbaden: Springer Vieweg, 2016. ISBN: 978-3-658-11814-3.

[152]　SCHEFFMANN, M., UDINA, L. und REUSS, H.-C. „Fahrbarkeitsapplikationen eines virtuellen Steuergerätes in Verbund mit dem Stuttgarter Fahrsimulator". In: *Proceedings of the 2nd QTronic User Conference.* Berlin, Germany, Dez. 2019.

[153]　SCHEFFMANN, M. u. a. „Calibration of Virtual Powertrain Control Units at the Stuttgart Driving Simulator". In: *Journal of Tongji University (Natural Science)* 47.z1 (2019), S. 64–68.

[154]　SCHEFFMANN, M. u. a. „Evaluation of Motion Cueing algorithms for high transient Effects in Longitudinal Dynamics". In: *Proceedings of the Driving Simulator Conference.* Antibés, France, Sep. 2020.

[155]　SCHEFFMANN, M. u. a. „Fahrbarkeitsapplikation virtueller Steuergeräte". In: *ATZ elektronik* 14 (Dezember 2019), S. 80–85.

[156]　SCHLÜTER, M., REUSS, H.-C. und UPHAUS, F. „Frontloading mittels Fahrbarkeitsuntersuchungen an einem Fahrsimulator". In: *6. Autotest.* Stuttgart, Sep. 2018.

[157]　SCHLÜTER, M., UPHAUS, F. und REUSS, H.-C. „Rahmenbedingungen für Fahrbarkeitsuntersuchungen an einem Fahrsimulator". In: *Simulation und Test 2018.* Hrsg. von LIEBL, J. Wiesbaden: Springer Fachmedien Wiesbaden, 2019, S. 271–285. ISBN: 978-3-658-25294-6.

[158]　SCHÖNFELDER, C. „Calibration of modern combustion engines - advantage by technology". In: *Automotive Colloquium HTW Dresden.* Dresden, Germany, Mai 2011.

[159]　SCHRAMM, D., HILLER, M. und BARDINI, R., Hrsg. *Modellbildung und Simulation der Dynamik von Kraftfahrzeugen.* 3. Auflage. Berlin: Springer Vieweg, 2018, S. 443. ISBN: 978-3-662-54480-8.

[160]　SCHRITTWIESER, J. u. a. „Mastering Atari, Go, chess and shogi by planning with a learned model". In: *Nature* 588 (2020), S. 604–609. DOI: `https://doi.org/10.1038/s41586-020-03051-4`.

[161]　SCHWALB, C. „Implementierung von Machine Learning Methoden zur Unterstützung von Optimierungsprozessen". Bachelorarbeit - Betreuer: Scheffmann, Marco. Universität Stuttgart, 2019.

[162] SCHWARZ, G. „Estimating the Dimension of a Model". In: *The Annals of Statistics* 6.2 (1978), S. 461–464. ISSN: 00905364.

[163] SCHWEIGER, C., OTTER, M. und CIMANDER, G. „Objektorientierte Modellierung mit Modelica zur Echtzeitsimulation und Optimierung von Antriebssträngen". In: Bd. 1828. Jan. 2004, S. 639–650. ISBN: 3-18-091828-4.

[164] SELL, A., GUTMANN, F. und GUTMANN, T. „System optimization for automated calibration of ECU functions". In: *Programm International Calibration Conference – Automotive Data Analytics, Methods, DoE*. Berlin, Germany, Mai 2017.

[165] SHANNON, C. E. „A Mathematical Theory of Communication". In: *Bell System Technical Journal* 27.3 (1948), S. 379–423. DOI: https://doi.org/10.1002/j.1538-7305.1948.tb01338.x.

[166] SIEBERTZ, K., BEBBER, D. v. und HOCHKIRCHEN, T. *Statistische Versuchsplanung - Design of Experiments (DoE)*. 2., Aufl. VDI-Buch. Springer Vieweg Berlin, 2017. ISBN: 978-3-662-55742-6.

[167] SILVER, D. u. a. „A general reinforcement learning algorithm that masters chess, shogi, and Go through self-play". In: *Science* 362.6419 (2018), S. 1140–1144. DOI: 10.1126/science.aar6404.

[168] SILVER, D. u. a. „Mastering the game of Go with deep neural networks and tree search". In: *Nature* 529 (2016), S. 484–489. DOI: https://doi.org/10.1038/nature16961.

[169] SILVER, D. u. a. „Mastering the game of Go without human knowledge". In: *Nature* 550 (2017), S. 354–359. DOI: https://doi.org/10.1038/nature24270.

[170] SILVER, D. *Lectures on Reinforcement Learning*. URL: https://www.davidsilver.uk/teaching/. 2015.

[171] SITTIG, A. „Optimierung und Applikation von Betriebsstrategien in Hybridfahrzeugen". Diss. München: Technische Universität München, Mai 2014.

[172] SPECKMANN, E.-J. und WITTKOWSKI, W. *Handbuch Anatomie - Bau und Funktion des menschlichen Körpers*. 21. Aufl. Urban und Fischer Verlag, 2020. ISBN: 978-3-437-26193-0.

[173] STATISTA GMBH. *Anzahl der Verkäufe von SUV in Deutschland von 2001 bis 2020.* 2021. URL: https://de.statista.com/statistik/daten/studie/322234/umfrage/suv-neuzulassungen-in-deutschland/ (Abrufdatum 24.07.2021).

[174] STATISTA GMBH. *Größte Automobilhersteller weltweit nach Fahrzeugabsatz in den Jahren 2020 und 2021.* 2021. URL: https://de.statista.com/statistik/daten/studie/173795/umfrage/automobilhersteller-nach-weltweitem-fahrzeugabsatz/ (Abrufdatum 24.07.2021).

[175] SUTTON, R. S. und BARTO, A. G. *Reinforcement Learning: An Introduction.* 2nd edition. Adaptive Computation and Machine Learning series. Cambridge, MA: Bradford Books, 2018. ISBN: 978-0262039246.

[176] SZEPESVÁRI, C. *Algorithms for Reinforcement Learning.* Synthesis Lectures on Artificial Intelligence and Machine Learning. Morgan und Claypool Publishers, 2010. DOI: https://doi.org/10.2200/S00268ED1V01Y201005AIM009.

[177] TAKAGI, T. und SUGENO, M. „Fuzzy identification of systems and its applications to modeling and control". In: *IEEE Transactions on Systems, Man, and Cybernetics* SMC-15.1 (1985), S. 116–132. DOI: 10.1109/TSMC.1985.6313399.

[178] TESAURO, G. „Practical Issues in Temporal Difference Learning". In: *Mach. Learn.* 8.3–4 (Mai 1992), S. 257–277. ISSN: 0885-6125. DOI: 10.1007/BF00992697.

[179] TESAURO, G. „Programming backgammon using self-teaching neural nets". In: *Artificial Intelligence* 134.1 (2002), S. 181–199. ISSN: 0004-3702. DOI: https://doi.org/10.1016/S0004-3702(01)00110-2.

[180] TESAURO, G. „TD-Gammon, a Self-Teaching Backgammon Program, Achieves Master-Level Play". In: *Neural Computation* 6.2 (1994), S. 215–219. DOI: 10.1162/neco.1994.6.2.215.

[181] TESAURO, G. „Temporal Difference Learning and TD-Gammon". In: 38.3 (März 1995), S. 58–68. ISSN: 0001-0782. DOI: 10.1145/203330.203343.

[182] THE MATHWORKS, INC. *Simulink® Real-Time^{TM} User's Guide.* URL: https://de.mathworks.com/help/releases/R2019b/pdf_doc/xpc/xpc_target_ug.pdf (Abrufdatum 19.10.2021).

[183] THE MATHWORKS, INC. *Simulink® User's Guide.* URL: `https://de.mathworks.com/help/releases/R2019b/pdf_doc/simulink/sl_using.pdf` (Abrufdatum 19. 10. 2021).

[184] THEIL, H. *Economic Forecasts and Policy.* Contributions to economic analysis. North-Holland Publishing Company, 1961.

[185] TOYOTA MOTOR CORPORATION. *Overall Chronological Table.* 2021. URL: `https://www.toyota-global.com/company/history_of_toyota/75years/data/overall_chronological_table/1941.html` (Abrufdatum 21. 07. 2021).

[186] TSITSIKLIS, J. und VAN ROY, B. „An analysis of temporal-difference learning with function approximation". In: *IEEE Transactions on Automatic Control* 42.5 (1997), S. 674–690. DOI: `10.1109/9.580874`.

[187] TURING, A. M. „On Computable Numbers, with an Application to the Entscheidungsproblem". In: *Proceedings of the London Mathematical Society* s2-42.1 (Jan. 1937), S. 230–265. ISSN: 0024-6115. DOI: `10.1112/plms/s2-42.1.230`.

[188] ULTIMATE SPECS - DATABASE. *Car Specs Timelines.* 2021. URL: `https://www.ultimatespecs.com/car-specs` (Abrufdatum 20. 07. 2021).

[189] ULTIMATE SPECS - DATABASE. *Volkswagen Golf Generations Technische Daten.* 2021. URL: `https://www.ultimatespecs.com/de/car-specs/Volkswagen-models/Volkswagen-Golf` (Abrufdatum 04. 07. 2021).

[190] VAILLANT, M. „Design Space Exploration zur multikriteriellen Optimierung elektrischer Sportwagenantriebssträange". Diss. Karlsruhe: Karlsruher Instituts für Technologie (KIT), Oktober 2015.

[191] VAN DER LAAN, J. D., HEINO, A. und DE WAARD, D. „A simple procedure for the assessment of acceptance of advanced transport telematics". In: *Transportation Research Part C: Emerging Technologies* 5.1 (1997), S. 1–10. ISSN: 0968-090X.

[192] VAPNIK, V. N. *The Nature of Statistical Learning Theory.* 1. Auflage. New York: Springer, 1995. ISBN: 978-0-387-94559-0.

[193] VELDHUIZEN, D. A. van. „Multiobjective Evolutionary Algorithms: Classifications, Analyses and New Innovations". Diss. Wright-Patterson Air Force Base, Ohio: Graduate School of Engineering of the Air Force Institute of Technology, Juni 1999.

[194] VOLKSWAGEN AG. *Die Volkswagen Chronik*. 2021. URL: https://
www.volkswagenag.com/de/group/history/vw-chronicle.html
(Abrufdatum 22.07.2021).

[195] WAGNER, M. *SRTM DTED Format*. Standard. Weßling: Deutsches Zentrum
für Luft- und Raumfahrt e.V. (DLR), 2003. URL: https://www.dlr.de/
eoc/en/PortalData/60/Resources/dokumente/7_sat_miss/
SRTM-XSAR-DEM-DTED-1.1.pdf.

[196] WATKINS, C. „Learning from delayed rewards". Diss. Cambridge, England:
University of Cambridge, Mai 1989.

[197] WERTHEIM, A. H., MESLAND, B. S. und BLES, W. „Cognitive Suppression
of Tilt Sensations during Linear Horizontal Self-Motion in the Dark". In:
Perception 30.6 (2001), S. 733–741. DOI: 10.1068/p3092.

[198] WEYL, H. „Über die Gleichverteilung von Zahlen mod. Eins". In: *Mathematische Annalen* 77 (1916), S. 313–352. URL: http://eudml.org/
doc/158730.

[199] WHILE, L. u.a. „A faster algorithm for calculating hypervolume". In: *IEEE
Transactions on Evolutionary Computation* 10.1 (2006), S. 29–38. DOI:
10.1109/TEVC.2005.851275.

[200] WHILE, L., BRADSTREET, L. und BARONE, L. „A Fast Way of Calculating
Exact Hypervolumes". In: *Trans. Evol. Comp* 16.1 (Feb. 2012), S. 86–95.
ISSN: 1089-778X. DOI: 10.1109/TEVC.2010.2077298.

[201] WINTERHAGEN, J. *Universität Stuttgart betreibt Europas modernsten
Fahrsimulator*. 2012. URL: https://www.ingenieur.de/technik/f
achbereiche/fahrzeugbau/universitaet-stuttgart-betreibt-
europas-modernsten-fahrsimulator/ (Abrufdatum 04.10.2021).

[202] WÜST, K. *Mikroprozessortechnik, Grundlagen, Architekturen, Schaltungs-
technik und Betrieb von Mikroprozessoren und Mikrocontrollern*. 4., aktua-
lisierte und erw. Aufl. Vieweg + Teubner, 2011. ISBN: 978-3-8348-0906-3.

[203] ZAGLAUER, S. „Methode zur multikriteriellen Optimierung des Motorverhaltens anhand physikalisch motivierter Modelle". Diss. Erlangen-Nürn-
berg: Friedrich-Alexander-Universität, Juli 2014.

[204] ZEMKE, S. „Analyse und modellbasierte Regelung von Ruckelschwingungen im Antriebsstrang von Kraftfahrzeugen". Diss. Hannover: Gottfried
Wilhelm Leibniz Universität Hannover, Dezember 2012.

[205]   ZENNER, H. P. „Der Gleichgewichtssinn und die Bewegungs- und Lageempfindung des Menschen". In: *Physiologie des Menschen* 29 (2005), S. 357–366.

[206]   ZITZLER, E. „Evolutionary Algorithms for Multiobjective Optimization: Methods and Applications". Diss. Zürich: Eidgenössische Technische Hochschule Zürich, Institut für Technische Informatik und Kommunikationsnetze, Nov. 1999.

[207]   ZITZLER, E., DEB, K. und THIELE, L. „Comparison of Multiobjective Evolutionary Algorithms: Empirical Results". In: *Evolutionary Computation* 8.2 (2000), S. 173–195. DOI: 10.1162/106365600568202.

[208]   ZITZLER, E., LAUMANNS, M. und THIELE, L. *SPEA2: Improving the Strength Pareto Evolutionary Algorithm For Multiobjective Optimization.* 2002.

Studentische Arbeiten und Veröffentlichungen

Im Laufe der Bearbeitung dieser Dissertation wurden diverse studentische Arbeiten betreut und Veröffentlichungen angefertigt. Relevante Arbeiten für dieses Thema sollen an dieser Stelle Erwähnung finden.

[60]   HAARMANN, T. „Implementierung einer Methode zur Mehrkriterienoptimierung von Fahrzeugsteuerungsfunktionen". Masterarbeit. Universität Stuttgart, 2017.

[31]   CHENG, Y. „Implementierung und Validierung von Verfahren des selbstverstärkten Lernens". Forschungsarbeit. Universität Stuttgart, 2019.

[161]   SCHWALB, C. „Implementierung von Machine Learning Methoden zur Unterstützung von Optimierungsprozessen". Bachelorarbeit. Universität Stuttgart, 2019.

[115]   MIUNSKE, T. *Ein szenarienadaptiver Bewegungsalgorithmus für die Längsbewegung eines vollbeweglichen Fahrsimulators*. 1. Auflage. Berlin Heidelberg New York: Springer-Verlag, 2020. ISBN: 978-3-658-30469-0.

[153]   SCHEFFMANN, M. u. a. „Calibration of Virtual Powertrain Control Units at the Stuttgart Driving Simulator". In: *Journal of Tongji University (Natural Science)* 47.z1 (2019), S. 64–68.

[155]   SCHEFFMANN, M. u. a. „Fahrbarkeitsapplikation virtueller Steuergeräte". In: *ATZ elektronik* 14 (Dezember 2019), S. 80–85.

[152]   SCHEFFMANN, M., UDINA, L. und REUSS, H.-C. „Fahrbarkeitsapplikationen eines virtuellen Steuergerätes in Verbund mit dem Stuttgarter Fahrsimulator". In: *Proceedings of the 2nd QTronic User Conference*. Berlin, Germany, Dez. 2019.

[154]   SCHEFFMANN, M. u. a. „Evaluation of Motion Cueing algorithms for high transient Effects in Longitudinal Dynamics". In: *Proceedings of the Driving Simulator Conference*. Antibés, France, Sep. 2020.

A Anhang

A.1 Trendentwicklung – Fahrzeugmodelle und Derivatisierung

Die stetige Steigerung der Komplexität zeigt sich nicht nur im Bereich der Software-Entwicklung (siehe Kapitel 1) im Speziellen, sondern grundsätzlich in der Fahrzeugbranche. Zur Verdeutlichung des Sachverhaltes, soll der Blick auf Abbildung A.1 gerichtet werden. Hier wird die historische Entwicklung der auf dem Markt befindlichen Fahrzeugmodelle beispielhaft für acht OEMs gezeigt.

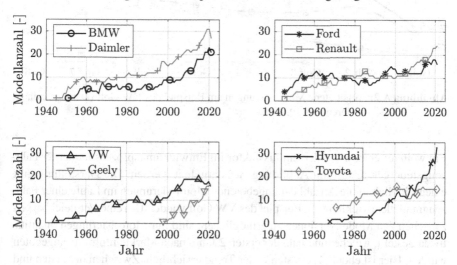

Abbildung A.1: Historische Entwicklung auf dem Markt befindlicher Fahrzeugmodelle (Datengrundlage nach [22, 49, 53, 72, 110, 141, 185, 188, 194])

Diese acht OEMs zählen zu den 15 größten Automobilherstellern [174] und repräsentieren somit ein globales Bild. Ein zunehmender Trend im Laufe der letzten Jahrzehnte ist ersichtlich. Eine sehr deutliche Steigerung ist bei einigen Herstellern ab Beginn der 2000er Jahre zu beobachten. Dieser Sachverhalt ist auf den aufkommenden und zunehmenden Kundenwunsch nach der SUV-Klasse zurückzuführen [94, 173]. Der Aufwand hinsichtlich Test, Absicherung und Kalibrierung neuer Software-Funktionen faktorisiert sich somit mit jedem weiteren zum Verkauf angebotenen Fahrzeugmodell.

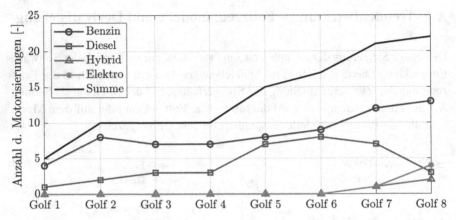

Abbildung A.2: Angebotene Motorisierungen am Beispiel des VW Golf (Datengrundlage basierend auf [9, 189])

Ein weiterer erschwerender Einflussfaktor im Entwicklungsprozess moderner Fahrzeugsteuergeräte soll mit Abbildung A.2 dargelegt werden. Die Darstellung gibt einen Einblick in die Anzahl der angebotenen Motorisierungen im Laufe einer Fahrzeugmodellentwicklung am Beispiel des VW Golf wieder. Um eine Vergleichbarkeit zwischen den Modellversionen zu ermöglichen, sind nur Motorisierungen quantitativ dargestellt, welche innerhalb der ersten 2 Jahre nach Markteinführung angeboten wurden. Hier ist ebenfalls ein steigender Trend ersichtlich. Zwischen der ersten und der aktuellsten Version des VW Golf hat sich Auswahlmöglichkeit der Motorisierung mehr als vervierfacht. Die Abnahme der möglichen Diesel-Motorisierungen wird durch elektrifizierte Varianten kompensiert. Verständlicherweise erhöht sich auch hier mit jeder weiteren Motorisierung der Test- und Abstimmbedarf der Steuergerätesoftware.

A.2 Einleitung – Erweiterte Literaturübersicht

Die nachfolgende Ausführung behandelt sämtliche Literatur, welche in Kapitel 1.1 nicht im Detail behandelt, jedoch in Tabelle 1.1 zur Herleitung der Forschungsfrage herangezogen wird.

[98] beschreibt das Thema Frontloading mit Fokus auf HiL-Tests im Verbund mit detailgetreuen Modellen. Dadurch erhofft sich der Autor reale Steuergeräte mit Streckenmodellen virtuell zu applizieren. Die jeweiligen Modelle wurden transient und stationär validiert. Das Hauptaugenmerk der Applikation bezieht sich auf Online-Kalibrierung. Dafür werden unterschiedliche Modelle (Kennfeldbasiert, Physikalisch) hinsichtlich ihrer Leistungsfähigkeit beurteilt. Weiterhin wird die Relevanz der Co-Simulation hinsichtlich des Frontloadings behandelt. Die Arbeit dient als Ausgangsbasis um virtuelle Steuergeräte-Applikation in Verbund von HiL-ECU und detaillierten Streckenmodellen durchzuführen. Laut dem Autor besteht jedoch bezüglich des Fahrermodells in Längsdynamik noch Verbesserungspotential zur realistischeren Abbildung der Fahrpedalposition.

[158] stellt zunächst Aufbau der Bestandteile eines Steuergeräts mit relevanten Schnittstellen zur Umgebung (A/D-Wandler, Aktuatorik,...) vor und gibt beispielhaft die Struktur einer Softwarefunktion wieder. In diesem Beispiel wird ebenfalls die Möglichkeit des Applikationszugriffes verdeutlicht. Zusätzlich zeigt der Autor den aufkommenden Trend zur Vorverlagerung von Entwicklungsprozessen in virtuelle Umgebungen auf. Zur Applikation der Steuergeräteparameter wird ein modellbasierter Prozess unter Verwendung von DoE-Methoden vorgestellt. Mit DoE wird das reale System vermessen. Die Messpunkte werden verwendet um Regressionsmodelle, Polynommodelle, radiale Basisfunktionen oder neuronale Netze zu trainieren. Diese werden zur Identifikation der optimalen Steuergeräteparameter verwendet. Eine Beschreibung des Optimierungsprozesses steht allerdings aus. Der Autor hebt den zeitlichen und preislichen Vorteil von Offline-Optimierung mit Hilfe von modellbasierten Methoden an Entwickler-PCs im Vergleich zu konventionellen Online-Applikationsmethoden am Prüfstand oder Fahrzeug hervor.

In [92] wird zunächst erläutert, welche Werkzeuge und Messmittel notwendig sind, um Mess- und Kalibrieraufgaben im Fahrzeug, Prüfstand oder HiL durchzuführen. Anschließend wird zur Zeit- und Kostenreduktion die Notwendigkeit von rechnergestützten Methoden erläutert. Relevant ist die Aussage, dass der Faktor Mensch zur Beurteilung der Applikationsqualität bei allen Fortschritten nicht aus der Rechnung genommen werden darf. Erwähnung findet die besondere Schwierigkeit von

Applikationsaufgaben von konkurrierenden Zielgrößen und mehrdimensionalen Datensätzen zur Abstimmung einer Funktion. Da komplette Rastervermessungen von technischen Systemen bereits bei kurzen Messzeiten pro Messpunkt sehr lange Versuchsfahrten nach sich ziehen, wird der Einsatz von DoE vorgeschlagen. Zur modellbasierten Applikation wird die Versuchsplanerstellung nach Sobol und das folgende Training von Gaußprozess-Modellen (GPM) vorgestellt. GPM werden neuronalen Netzen vorgezogen, da diese laut dieser Arbeit nicht zum Overfitting neigen. Allerdings müssen trainierte GPM vor der Optimierung hinsichtlich Genauigkeit validiert werden. Zur Parameteranpassung und Ermittlung der Pareto-Front werden Methoden der Mehrkriterienoptimierung eingesetzt. Eine Beschreibung dieses Prozesses findet allerdings keine explizite Erwähnung.

[93] thematisiert den automatisierten Optimierungsprozess von Getriebesteuergeräten in landwirtschaftlich genutzten Arbeitsmaschinen. Da ebenfalls in diesem Tätigkeitsbereich die manuelle Bedatung durch einen Experten und dessen subjektiven Empfindens finanziell nicht mehr tragbar ist, wird dieser automatisierte Prozess vorgeschlagen. Ähnlich zum Automobilbau entwickelt sich in der Landwirtschaft ein erhöhter Applikationsaufwand durch komplexer werdende mechatronische Systeme. Sehr deutlich wird der enorme Aufwand bei manueller Applikation aller verfügbaren Parameter am realen System und die Schwierigkeit bzgl. Tests bei gleichbleibenden Umgebungseinflüssen (z. B. Wetter, Testfahrer) herausgearbeitet. Um die Nachteile der manuellen Parameteranpassung zu eliminieren, wird ein mehrstufiger Automatisierungsprozess vorgestellt. Im ersten Schritt werden mit realen Prototypen Fahrzyklen abgefahren und Referenzdatensätze generiert. Die Datensätze werden genutzt, um das Simulationsmodel durch Optimierungsschleifen zu kalibrieren (Model Fitting). Der Steuergeräteparametersatz wird im Laufe dieser Schleife nicht verändert. Anschließend folgt auf Basis des angepassten Simulationsmodells eine weitere Optimierungsiteration zur Vorkalibrierung der Steuergeräteparameter (Precalibration). Dieser vorkalibrierte Datensatz wird daraufhin als Basis für Vermessungen am Prüfstand verwendet. In einer dritten und letzten Optimierungsschleife wird der Datensatz am realen System optimiert. Zur Kontrolle und zum Feintuning wird der finale Datensatz am Fahrzeug durch einen Testingenieur appliziert. Der Grad der Abstraktion der Steuergerätesoftware in den Phasen des „Model Fittings" und der „Precalibration" ist nicht weiter erläutert. Ebenfalls wird auf die Methodik des automatisierten Optimierungsablaufs nicht tiefer eingegangen.

Die Arbeit von [83] schlägt einen automatisierten Applikationsprozess vor, um den wirtschaftlichen Restriktionen und den hohen applikativen Zielsetzungen gerecht zu werden. Das vorgestellte Verfahren nutzt zur Versuchsplanerstellung eine an DoE angelehnte Methodik, welches die Messpunkte nach dem D-Optimalitätskriterium und auf das Takagi-Sugeno-Inferenz-System übertragen verteilt. In einem weiteren Schritt erfolgt ein Screening-Verfahren, um die Grenzen des Versuchsraumes zu ermitteln. Der adaptierte Versuchsplan wird anschließend automatisiert vermessen. Mit diesen Ergebnissen wurden unterschiedliche Modelltypen (Polynommodell, Sugeno-Inferenz-System, Takagi-Sugeno-Inferenz-System, Radiale-Basisfunktionen-Netz, Feedforward-Mehrschichtnetz) trainiert und validiert. Der Autor kommt hier zu dem Schluss, dass unabhängig von der Modellgüte die oftmals fehlende Detail-Kenntnis der Modellgrenzen für unzufriedenstellende Ergebnisse bei modellbasierten Offline-Optimierungen führt. Infolgedessen wird ein Optimierungskonzept vorgestellt, welches die Optimierung der Steuergerätekennfelder online am Prüfstand ermöglicht. Die Optimierungsmethodik beschreibt Verfahren zur automatisierten Wissensbildung und nutzt Fuzzy-Algorithmen, welche aus gelernten Motorprozesszusammenhängen Lösungsvorschläge in Form von WENN-DANN-Regeln formuliert. Die Wirksamkeit der Methodik zur Online-Optimierung wird durch die vorgestellten Ergebnisse im Vergleich zu konventionellen Techniken bestätigt.

[108] liefert einen Beitrag zur Modellbildung von Triebstrangkomponenten mit dem Hauptaugenmerk von Fahrbarkeitsuntersuchungen. Die Teilmodelle der entwickelten Bibliothek sind in unterschiedlichen Detaillierungsstufen umgesetzt, damit für unterschiedliche Anwendungsfälle performante Simulationsmodelle eingesetzt werden können. Der Anwendungsbereich der Modelle soll über die gesamte Prozessstrecke der Softwareentwicklung gewährleistet sein, ausgehend von Offline-Modellen zur Konzeptuntersuchung, über Softwareentwicklung und -validierung (SiL) hinzu Online-Modelle für HiL-Umgebungen. Der Fokus wird hierbei stets auf die Echtzeitfähigkeit gelegt, was ein wesentlicher Aspekt zur Machbarkeit des Frontloading-Prinzips im Kontext von XiL ist. Im Rahmen der Arbeit wurden Untersuchungen und mehrkriterielle Optimierung zur Fahrbarkeit durchgeführt. Der Optimierungsprozess ist allerdings nicht wesentlicher Bestandteil der Arbeit und erfährt keine tiefgehendere Betrachtung. Ebenfalls werden keine realen Steuergeräte betrachtet und dementsprechend auch kein realer Datensatz optimiert, da der Fokus der Untersuchungen in der Leistungsfähigkeit der modellierten Systeme des Antriebsstranges liegt.

In [104] ist die Entwicklung einer Ausführungsplattform für virtuelle Prototypen beschrieben. Darunter ist eine Co-Simulationsumgebung zu verstehen, welche die Ausführung von Modell- und Programmbestandteilen aus unterschiedlichen Simulationstools ermöglicht. Konkretisiert wird das in der Abhandlung durch die Integration eines dieselmotorischen Triebstranges. Für die Triebstrangsimulation werden Modellbestandteile aus Matlab/Simulink und GT-Power co-simuliert. Die Steuergerätefunktionalitäten werden als Modellbestandteile oder als Programmcode eingebunden. Dadurch wird die Gesamtsimulation in den Phasen von MiL und SiL ausgeführt. Die Kalibrierung der Softwarefunktionen wird mit ETAS Inca durchgeführt. Dadurch wird es zwar dem Entwickler ermöglicht in der gleichen Umgebung wie im Erprobungsfahrzeug oder Prüfstand zu arbeiten, die Vorteile einer automatisierten Applikation werden allerdings nicht ausgeschöpft.

[107] stellt eine frühere Arbeit dar, welche sich der Thematik Versuchsplanung und Metamodellgenerierung widmet. Bis zu diesem Zeitpunkt werden häufig Methoden der statistischen Versuchsplanung und der polynombasierten Regressionsmodelle zur Offline-Kennfeldoptimierung eingesetzt. Nachteilig sind diese Verfahren hinsichtlich der Modellgüte und des Extrapolationsverhaltens, folglich wird ein neuer Ansatz vorgestellt. Dieser greift auf sogenannte Lolimot-Netze zurück und stellt eine Alternative zu konventionellen Methoden der statistischen Versuchsplanung dar. Der Lolimot-Algorithmus partitioniert den aufgestellten Parameterraum iterativ in Teilbereiche dessen. Dabei werden in Bereichen mit schwach linearen Verhalten größere Partitionen und in Bereiche mit stark nichtlinearen Verhalten kleinere Partitionen generiert. In jede Teilpartition wird die gleiche Anzahl Messpunkte nach dem D-Optimalitätsprinzip gelegt. Dadurch ergibt sich eine deutlich geringer Anzahl an Messpunkten im Vergleich zu vollfaktoriellen Plänen und weist dennoch, aufgrund der erhöhten Messpunktdichte, eine hohe Abbildungsgenauigkeit in nichtlinearen Bereichen auf. Auf Basis des Lolimot-Versuchsplans wird aufgrund von vorteilhaften Glattheitseigenschaften ein neuronales Netz zur Metamodellbildung generiert. Die finale Kennfeldfindung erfolgt durch Rastervermessung des trainierten Netzwerks. Der beschriebene Prozess wird zur Kennfeldoptimierung unter Verwendung eines Prüfstands beschrieben, ist jedoch prinzipiell auf sämtliche Umgebungen übertragbar. Die Arbeit behandelt in der Gesamtheit eine konventionelle Offline-Optimierung, liefert jedoch für Teilaspekte dieses Prozesses neue Ansätze.

[121] beschäftigt sich mit der gezielten Beschreibung von dynamischen Motorprozessmodellen zur virtuellen Applikation. Als Anforderungen an ein Modell zur

Applikation werden am Beispiel des Verbrennungsmotors ein sehr hoher Abbildungsumfang, hohe Abbildungsqualität, hohe Betriebsbereichabdeckung und hohe Rechengeschwindigkeit (Echtzeitfähigkeit) genannt. Um dies zu gewährleisten, werden Approximationsmethoden wie intelligente neuronale Netze (INN) und Fast Neural Networks (FNN) eingesetzt, welche auf dem Lolimot-Algorithmus basieren. Damit wird eine hinreichende Genauigkeit zur echtzeitfähigen Ausführung auf HiL-Systemen erreicht. Die Modellgüte wird unter anderem durch unterschiedliche Parametersätze der ECU validiert. Von Relevanz sind die Schlussfolgerungen der Arbeit, unter anderem dass Frontloading-Prozesse notwendig sind um zukünftige Applikationsaufgaben effizient und automatisiert zu bewältigen. Die Wunschvorstellung besteht in der Verlagerung von Fahrzeugtests auf Prüfstände und weiter in Simulationsumgebungen (Road to Rig to Lab) und somit zur Definition eines virtuellen Prüfstandes, auf welchen mehrkriterielle Optimierungen der Steuergerätedatensätze möglich sind. Des Weiteren wird ein Nachweis gebracht, dass trotz hohem zeitlichen Modellierungsaufwand, dieser im Vergleich zu Prüfstandsfahrten bereits nach einigen Stunden Laufzeit amortisiert wird.

[17, 18] stellt das Konzept eines XiL-Motorenprüfstandes zur Optimierung von Hybridantrieben an der TU Darmstadt vor. Die Arbeit beschreibt die Einbindung eines echtzeitfähigen, längsdynamischen Fahrzeugmodells in das Umfeld eines Prüfstandes mit realem Verbrennungs- und Elektromotor. Das Fahrermodell, die Umgebungssimulation und die Hybrid-Betriebsstrategie werden durch die Echtzeitsimulation abgebildet. Dadurch lassen sich neben klassischen Fahrzyklen weiterhin reale Fahrstrecken abfahren. Des Weiteren erlaubt diese Methode Konzeptuntersuchungen hinsichtlich der Betriebsstrategie in Wechselwirkung mit realen motorischen Komponenten. Dadurch lässt sich ein breites Entwicklungsfeld abstecken, welches die Ziele Lebensdauer, Funktionstest, Fahrbarkeit, Emissionen, Zyklusverbrauch und Realverbrauch abdeckt. Die direkte multikriterielle Optimierung am XiL-Prüfstand, stellt aufgrund der Abarbeitung des Prozesses ein zu langwieriges Unterfangen dar. Durch diesen Umstand wird ein modellbasierter Ansatz verwendet. Dabei wird das System mit Methoden der statistischen Versuchsplanung vermessen, aus der gewonnenen Datenbasis ein Regressionsmodell erstellt und abschließend ein multikriterieller Optimierungsalgorithmus ausgeführt.

Die Autoren von [21] befassen sich mit der Thematik der geforderten Modellgüte zur Bewältigung von aktuellen und zukünftigen Applikationsaufgaben. Als Entwicklungsherausforderungen werden verschärfende Emissionsgrenzwerte und die Einführung von WLTP und RDE genannt. Um hierfür Entwicklungsprozesse hinsichtlich virtueller Applikation vorzuverlagern, müssen die Antriebsstrangkomponenten im Gesamtsystem inklusive von Fahrer und Wettereinflüssen betrachtet werden. Des Weiteren wird aufgezeigt, dass zur korrekten Abbildung der Emissionen die Modelle hinreichend genau transiente Effekte darstellen können müssen. Durch vereinfachte Stationärkennfelder ist dies nicht möglich. Bei Erfüllung dieser Anforderung ist die Reduzierung des Kalibrieraufwandes zur RDE-Absicherung mit Hilfe eines virtuellen Antriebsstrang-Modells möglich.

Die Arbeit [163] stellt einen frühen Beitrag zur automatischen Steuergeräteapplikation dar. Darin wird aufgezeigt, wie echtzeitfähige, objektorientierte Modelle aus Modelica, Steuergeräte in Hil-Konfiguration und numerische Optimierung in einer durchgängigen Produktionsumgebung zusammengefasst werden können. Ein wesentlicher Bestandteil der Arbeit ist die detaillierte Abbildung der physikalischen Modelle, insbesondere der Schnittstellendefinition zum Steuergerät. Dies ist zur korrekten Anbindung und Funktionsweise des zu optimierenden Steuergerätes notwendig. Die Testautomatisierung erfolgt durch die Integration der vom DLR entwickelten Optimierungsumgebung MOPS[34] [86] in das HiL-System.

In [171] wird ein automatischer, virtueller Applikationsprozess im MiL vorgestellt. Die einzelnen Steuergerätefunktionen liegen hierbei als Modell in Simulink vor. Informationen zur Zeit- und Wertdiskretisierung sind nicht bekannt. Der Optimierungsprozess erfolgt innerhalb des Simulationsframeworks, bestehend aus Steuergerätefunktions-Modellen und längsdynamischer Triebstrangsimulation. Datenstandaustausch zwischen Simulationsframework und Prüfstand/Fahrzeug erfolgt hardware-nah über das .hex-Format. Zur Optimierung wird eine modifizierte Version des multikriteriellen NSGA-II Algorithmus eingesetzt. Dazu zählt zum einen die Diskretisierung des Parameterraums. Infolge des diskreten Wertebereichs der Steuergerätedatensätze, lässt sich der Suchraum dementsprechend einschränken. Zum anderen ist ein adaptives Abbruchkriterium definiert, welches den Optimierungsprozess beendet, wenn sich der diskrete Wert eines Parameters nur noch geringfügig ändert. Dadurch sollen lange Rechenzeiten für den Optimierungsvorgang reduziert werden. Auf eine vorangehende Ersatzmodellbildung unter Verwendung von DoE wird verzichtet.

Einen weiteren Beitrag zur virtuellen Steuergeräteapplikation liefert [11]. Der Hauptteil der Arbeit untergliedert sich in die Themenschwerpunkte Simulation von Steuergerätefunktionen, Abbildung von nichtlinearen dynamischen Prozessmodel-

---

[34] Multi-Objective Parameter Synthesis.

len und Parameteroptimierung. Hinsichtlich der Simulation von Steuergerätefunktionen wird eine S-Function-Schnittstelle in Simulink vorgestellt, welche in der Lage, ist Funktions-C-Code aus ETAS Ascet einzulesen und zu berechnen. Dadurch kann der korrekte Steuergerätedatensatz der abgebildeten Funktion parametriert werden. Der Datenaustausch erfolgt mittels .dcm-Files. Für die dynamische Modellbildung wird das zu untersuchende System in dieser Arbeit beispielhaft für einen Verbrennungsmotor aufgezeigt und mit Methoden der statistischen Versuchsplanung stationär und dynamisch vermessen. Die Modellbildung besteht aus einer statischen Nichtlinearität, welche durch künstliche neuronale Netze wiedergegeben wird. Ein Gaußprozess-Modell dient zur Überprüfung des qualitativen Verlaufs. Zur dynamischen Erweiterung des Systemverhaltens werden die Modelle um lineare Übertagungsfunktionen in Form von PT1- oder PT2-Glieder erweitert. Im Gegensatz zu häufig eingesetzten evolutionären Ansätzen zur Berechnung der Pareto-Front, findet hier das Verfahren der Gütevektoroptimierung Verwendung. Damit soll die Suche nach dem Minimum einer Kostenfunktion durch systematische Analyse erfolgen und auf die Verwendung von Zufallsvariablen verzichtet werden. Die Erweiterung um die Methode Delaunay-Search soll den Optimierungsvorgang beschleunigen.

[164] behandelt die einkriterielle Optimierung von Steuergeräteparametern in einem automatisierten Prozess. Die betrachteten Funktionen sind in diesem Beitrag als Simulink-Modelle nachgebildet. Als zu optimierendes Kriterium wird die Abweichung der Zielgröße von einem Referenzwert betrachtet, welche maximiert oder minimiert werden muss. In diesem einkriteriellen Optimierungsfall wird ebenfalls auf Methoden der DoE und der Gaußprozess-Modellbildung zurückgegriffen. Die tiefergehende Beschreibung der angewendeten Methoden findet allerdings nicht statt.

Die Arbeit [120] stellt einen Ansatz zur Online-Optimierung der ECU-Parameter vor. Es handelt sich hierbei um eine wissensbasierte Strategie auf Grundlage von Fuzzy-Methoden. Die implementierten WENN-DANN-Regeln basieren auf Expertenwissen. Dadurch ist der Optimierungsprozess zwar lediglich auf ein betrachtetes System anwendbar, ermöglicht jedoch eine 10-fache Beschleunigung der Optimierung im Vergleich zu untersuchten numerischen Verfahren. Infolgedessen ist es möglich das vorgestellte Verfahren direkt am Prüfstand einzusetzen und die real implementierten Steuergeräte-Parameter Online zu kalibrieren.

A.3 Fahrzeugsteuergeräte – Hardware und Funktionsprinzip

Moderne Fahrzeugsteuergeräte spielen eine zentrale Rolle für den Betrieb eines
Kraftfahrzeuges. Da diese unter teilweise extremen Bedingungen und zu jeder Zeit
funktionieren müssen, sind die Anforderungen dementsprechend hoch. Durch den
teilweise direkten Anbau an Elemente des Triebstranges, sind diese hohen Beanspru-
chungen hinsichtlich Temperaturwechsel, Vibrationen und chemischen Belastungen
durch Salzwasser, Öle, Kraftstoffe und sonstigen Betriebsmitteln ausgesetzt. Des
Weiteren ergeben sich Anforderungen im Hinblick auf die elektromagnetische
Verträglichkeit [140].

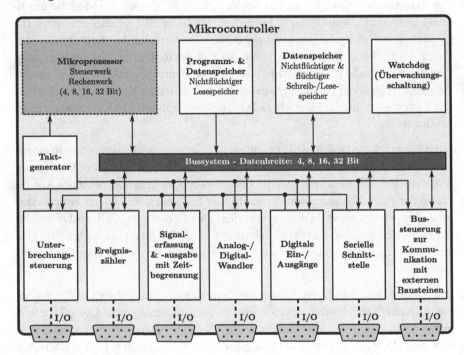

Abbildung A.3: Schematischer Aufbau eines Mikrocontrollers (nach [151])

Die zentrale Aufgabe des Steuergerätes besteht in der Steuerung, Regelung und
Überwachung eines bestimmter Prozesses (z. B. Motor, Getriebe) nach dem EVA-
Prinzip[35]. Der Mikrocontroller verarbeitet relevante Daten des Fahrers und des

---
[35]<u>E</u>ingabe-<u>V</u>erarbeitung-<u>A</u>usgabe.

Fahrzeugs und gibt im Idealfall optimale Reaktionen an die zugehörige Aktuatorik weiter. Abbildung A.3 zeigt die Bestandteile eines Mikrocontrollers. Das Funktionsprinzip lässt sich folgend wiedergeben:

Verarbeitung der Signale: Die Signalverarbeitung zwischen dem Mikrocontroller und der Umgebung ist Aufgabenbestandteil der Ein- und Ausgabeeinheiten. Zur direkten Kommunikation mit dem zu regelnden System ist der Mikrocontroller mit analogen und digitalen Schnittstellen ausgestattet. Analoge Schnittstellen können in einem bestimmten Bereich jeden Spannungswert verarbeiten. Zur weiteren Verarbeitung im Steuergerät sind Analog-/Digital-Wandler notwendig, welche die physikalische Spannung wertdiskret in digitale Werte transferieren. Digitale Schnittstellen sind in der Lage logische Signale von Sensoren ohne Wandlung direkt zu verarbeiten, bzw. diese an die Aktuatorik weiterzureichen und ermöglichen einen standardisierten Datenaustausch. Zusätzlich können serielle Schnittstellen vorgesehen sein, um über Bussysteme (FlexRay, CAN, LIN) die Kommunikation mit anderen Steuergeräten bereitzustellen.

Steuerung und Regelung der Prozesse: Der Mikroprozessor (CPU) stellt das zentrale Element des Mikrocontrollers dar und besteht aus Rechen- und Steuerwerk. Der Hauptbestandteil des Rechenwerkes (Operationswerkes) ist die arithmetisch/logische Einheit, kurz ALU (arithmetic and logical unit). Die ALU ist ein Schaltwerk ohne eigenes Speicherelement und dient der eigentlichen Verarbeitung der Maschinenbefehle, daher müssen der Einheit Operandenregister vorgeschaltet werden. Die Verarbeitung erfolgt durch artihmetische oder bitweise logische Verknüpfungen der Operanden. Das Steuerwerk (Control Unit) ist verantwortlich für die Ablaufsteuerung und übernimmt die korrekte Ansteuerung der Befehle aus dem Programmspeicher. Zu weiteren Elementen eines Mikrocontrollers zählen der Registersatz und das Adresswerk. Das Adresswerk erzeugt die erforderlichen Adressen für den Zugriff des Programm- und Datensatzes im Hauptspeicher. Der Registersatz enthält Register mit prozessorinternen Speicherplätzen, welche mit dem internen Datenbus des Prozessors verbunden sind [202].

Datenspeicherung: Auf nichtflüchtigen Festwertspeichern (ROM), wie beispielsweise EEPROM, wird der Programm- und Datenspeicher realisiert. Auf diesem sind der Programmsatz und konstante Parametersätze verlustsicher abgelegt. Der Speicher ist so organisiert, dass für den Programmcode und die Parametersätze unterschiedliche Adressbereiche reserviert sind. Daher die Bezeichnung Programm-

und Datenspeicher. Der Einsatz von Flash-Speichern erlaubt die Neuprogrammierung der ECU im verbauten Zustand und bietet somit die Flexibilität von nachträglichen Programm- und Datenstandsänderungen. Diese Eigenschaft ist relevant für die Optimierung des Datensatzes an das zu regelnde System, dem sogenannten Applikationsprozess.

Der reine Datenspeicher ist als Schreib-Lese-Speicher konzipiert und wird als Arbeitsspeicher (RAM) bezeichnet. Das bedeutet, in diesen Speicher werden Daten abgelegt, welche sich während des Programmablaufs verändern. Da gewährleistet sein muss, dass bestimmte Daten nach einem Abschaltvorgang (wie beispielsweise eingelernte Adaptionsroutinen) erhalten bleiben, kommen an dieser Stelle neben flüchtige ebenfalls nichtflüchtige Speicher zum Einsatz. Ein internes Bussystem stellt die Kommunikation der einzelnen Bestandteile des Mikrocontrollers her.

Weitere Peripherie eines Mikrocontrollers: Eine weitere wesentliche Einrichtung ist der Überwachungsrechner oder Watchdog, der die Ausführung des Programmablaufs beobachtet. Dieser soll verhindern, dass der Mikrontroller durch störungsbedingte Veränderungen der Speicher- und Registerinhalte in eine Endlosschleife gelangt. Infolgedessen ist ein freilaufender Zähler implementiert, der sogenannte Watchdog-Timer, welcher bei einem Überlauf einen Reset des Mikrontrollers auslöst. Des Weiteren stellt der Taktgeber eine wichtige Peripheriegruppe eines Mikrocontrollers dar. Dieser sorgt für eine exakte Zeitmessung auf dem Controller und ermöglicht die zeitakkurate Abarbeitung der jeweiligen Operationen. Der Zählerbaustein sorgt zusätzlich dafür, dass die eigentliche CPU keine Berechnungsressourcen für die Aufgabe aufwenden muss [202].

A.4 Die Koksma-Hlawka-Ungleichung

Die Verteilung der Testpunkte im Faktorraum so zu gestalten, dass bei einer gegebenen Versuchsanzahl die größtmögliche Informationsdichte generiert werden kann. Dementsprechend ist als Optimierungsziel für ein Testfeld die Minimierung der Varianz eines unverzerrten globalen Mittelwerts der zu analysierenden Ausgangsvariablen y definiert [166]:

$$Diff_{mean} = |\bar{y}(T) - E(y)| \qquad \text{Gl. A.1}$$

Die Größe $\bar{y}(T)$ beschreibt den Mittelwert einer Zielgröße aus einem Satz von Faktorkombinationen $T = \{x_1, ..., x_n\}$:

$$\bar{y}(T) = \frac{1}{n} \sum_{i=1}^{n} y_i(x_i) \qquad \text{Gl. A.2}$$

Der globale Mittelwert wird durch das Integral

$$E(y) = \int_{C^{n_F}} y(x)dx \qquad \text{Gl. A.3}$$

im Einheitsraum $C^{n_F} = [0,1]^{n_f}$ über die Ausgangsvariable y gebildet. Die Koksma-Hlawka-Ungleichung liefert eine obere Schranke zur Beurteilung des resultierenden Fehlers aus Gleichung A.1 für einen bestehenden Versuchsplan:

$$|\bar{y}(T) - E(y)| \leq V(y(x))D^*(T) \qquad \text{Gl. A.4}$$

Diese Schranke wird gebildet aus dem Produkt der Varianz $V(y(x))$ einer Zielgrößenfunktion $y(x)$ im Sinne von Hardy und Krause [42] und der Stern-Diskrepanz $D^*(T)$ nach [198].

A.5 Weitere Ansätze zur Ersatzmodellbildung

Polynom-Regression: Die Methodik der Regression lässt sich thematisch dem über-
wachten Lernen im Kontext des Machine Learnings zuordnen. Regressionsmodelle
sind somit in der Lage den Wert einer bestimmten Anzahl von Zielgrößen y auf
Grundlage eines Eingangsgrößen-Vektors der Größe D vorherzusagen. Polynom-
Regressionsmodelle zählen zur Klasse der linearen Regression. Die gemeinsame
Eigenschaft dieser Modelle ist die Abbildung der Zielfunktion auf Basis einer
Linearkombination von Eingangsvariablen. Diese Modellbildung wird in der Form

$$y(x,w) = \sum_{j=1}^{M} w_j \phi_j(x) = W^T \phi(x) \qquad \text{Gl. A.5}$$

mit den Eingangsvariablen $x = (x_1, ..., x_D)^T$ beschrieben. Des Weiteren ist $w = (w_1, ..., w_M)^T$ und $\phi = (\phi_1, ..., \phi_M)^T$. Die Verwendung von nichtlinearen Termen
ermöglichen ein nichtlineares Verhalten der Funktion $y(x,w)$. In diesem Fall werden
Funktionen nach Gleichung A.5 dennoch als lineare Regressionsmodelle bezeichnet,
da diese eine Linearkombination hinsichtlich der Eingangsvariablen w darstellen.
Die nichtlinearen Funktionen $\phi_j(x)$ werden als Basisfunktionen bezeichnet. Ein
Polynom-Regressionsmodell wird durch Basisfunktionen $\phi_j(x)$ in der Form

$$\phi_j(x) = x^j \qquad \text{Gl. A.6}$$

mit dem Dimensionsindex $j = j_1, ..., j_D$ gebildet. Die Anwendung von A.6 auf die
Linearkombination A.5 liefert das Polynommodell:

$$y(x,w) = \sum_{j=1}^{M} w_j x^j \qquad \text{Gl. A.7}$$

In Gl. A.7 ist die Ordnung des Polynoms durch N definiert. Eine Limitierung der
Polynom-Basisfunktion resultiert aus dem globalen Zusammenhang mit der Eingangsgröße x. Das bedeutet eine Veränderung in einer Region des Faktorraumes
beeinflusst alle weiteren Regionen. Durch schrittweise Regression und somit die
Bildung eines Regressionsmodells aus einer sinnvollen Teilmenge von Prädiktions-
variablen lässt sich diese Limitierung umgehen. Diese Variablen lassen sich durch
einen automatisierten Selektionsprozess ermitteln. Hierzu zählen die sequentielle Vorwärts-Selektion, die sequentielle Rückwärts-Selektion und die sequentielle

gleitende Vorwärts-Selektion[36]. Dabei werden jeweils iterativ Basisfunktionen hinzugefügt (sequentielle Vorwärts-Selektion) oder entfernt (sequentielle Rückwärts-Selektion), bis keine Verbesserung eines definierten Gütemaßes mehr erzielt werden kann. Als Gütemaß dient hierfür die Minimierung der regulierten quadratischen Fehlerfunktion auf Grundlage des SSE (Siehe Kapitel A.6):

$$RSSE = \frac{1}{2} \sum_{i=1}^{n_r} (y_i - \hat{y}_i)^2 + \frac{\lambda}{2} ||w||^2 \qquad \text{Gl. A.8}$$

Darin ist $||w|| = ww^T$ und λ ein Regulierungsparameter.

Radialbasisfunktion: Das Verhalten eines linearen Regressionsmodells wird im Wesentlichen durch die Kombination der Basisfunktionen bestimmt. Neben den erläuterten Polynomfunktionen findet die Verwendung von radialen Basisfunktionen eine weite Verbreitung. Derartige Regressionsmodelle werden als radiale Basisfunktionen-Netzwerke bezeichnet. Im einfachsten Fall repräsentiert ein RBF-Netzwerk ein dreischichtiges vorwärtsgerichtetes Netzwerk. Die Architektur eines solchen künstlichen Netzwerks ist in Abbildung A.4a illustriert. Sämtliche Eingänge stehen in Verbindung mit M RBF in der verdeckten Schicht in Verbindung. Im Kontext der neuronalen Netze sind die RBF als Neuronen und nichtlineare Aktivierungsfunktionen zu verstehen. Aufgrund der linearen Summation der Neuronenantwort, handelt es sich bei der dritten Schicht folglich um eine lineare Ausgabeschicht. Die Antwort einer Aktivierungsfunktion ϕ_j ergibt sich nach Gleichung A.9 aus einer Abstandsbetrachtung des Einganges x und dem Zentrum x_j.

$$\phi_j(||x - x_j||) = exp\left(-\frac{||x - x_j||^2}{2\sigma_j^2}\right) \qquad \text{Gl. A.9}$$

Im n-dimensionalen Raum ergibt sich der Punktabstand zwischen x und x_j durch die euklidische Norm $||...||$:

$$||x - x_j|| = \sqrt{\sum_{j=1}^{M} (|x - x_j|^2)} \qquad \text{Gl. A.10}$$

---

[36]Kombiniertes Verfahren aus Sequentieller Vorwärts und Rückwärts Selektion.

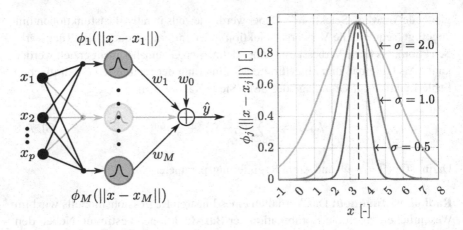

Abbildung A.4: a) Architektur eines RBF-Netzwerks; b) Einfluss des Parameters σ auf eine RBF (nach [123, 20])

Der Funktionsverlauf einer RBF zeigt die Charakteristik einer Gauß-Kurve (Abbildung A.4b) und wird maßgeblich durch die Standardverteilung σ_j bestimmt. Die Funktionsapproximation des Netzwerks erfolgt schlussendlich durch den Einsatz von Gl. A.9 in Gl. A.5:

$$y(x) = \sum_{j=1}^{M} w_j \phi_j \left(\|x - x_j\| \right) \qquad \text{Gl. A.11}$$

Das Modelltraining baut auf einem zweistufigen Prozess auf. Im ersten Schritt erfolgt die Bestimmung der Parameter x_j und σ durch sogenanntes Clustering des Trainingsdatensatzes und somit dem Einsatz einer Technik des unüberwachten Lernens [70]. Durch das Clustering werden Bereiche mit einer hohen Trainingsdatendichte identifiziert, in welche die Zentren der RBF gelegt werden.

Im zweiten Schritt des Trainings werden die einzelnen Gewichte w_j zwischen der verdeckten Schicht und der Ausgabeschicht ermittelt. Dies geschieht wiederum durch iterative Adaption und Minimierung eines Fehlerkriteriums (Tabelle A.1).

Lokal-Lineare Modelle: Der methodische Ansatz der lokal-linearen Modelle LLM basiert auf dem Prinzip der Partitionierung. Darunter ist zu verstehen, dass ein komplexes Modellierungsproblem in viele leichter lösbare Unterprobleme aufgeteilt wird. Diese separierten Fragestellungen weisen Charakteristiken linearer Modelle auf und werden nahezu unabhängig voneinander gelöst, wodurch diese Regressionsmethodik die Bezeichnung der lokal-linearen Modelle trägt. Sind die Übergänge zwischen den Teilmodellen unscharf, so werden diese als lineare Neuro-Fuzzy Modelle bezeichnet, mit Takagi-Sugeno Fuzzymodellen ist einer ihrer bekanntesten Vertreter an dieser Stelle zu nennen [177].

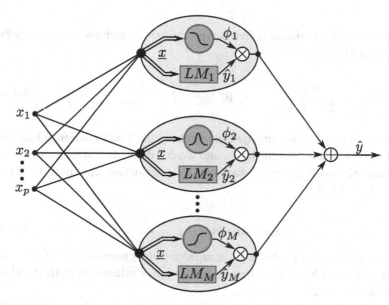

Abbildung A.5: Netzwerkstruktur eines lokal-linearen Neuro-Fuzzy Models mit M Neuronen und p Eingängen (nach [123])

Die Netzwerkstruktur eines LLM ist in Abbildung A.5 schematisch dargestellt. Der Modellausgang dieses Netzwerks ergibt sich in Abhängigkeit des Eingangsvektors $\underline{x} = [x_1, ..., x_p]^T$ nach Gl. A.12.

$$y(x) = \sum_{i=1}^{M} \left(w_{i0} + w_{i1}x_1 + ... + w_{ip}x_p \right) \phi_i(\underline{x}) \qquad \text{Gl. A.12}$$

Anschaulich steht hierin jedes Neuron für ein separates LLM dar, dessen Gültigkeitsbereich über die zugehörigen Basisfunktionen ϕ_i definiert ist. Der Modellausgang resultiert aus der gewichteten Summe über alle LLM. Für eine korrekte Beschreibung dieser Gültigkeiten ist eine Normierung der Basisfunktion notwendig:

$$\sum_{i=1}^{M} \phi_i(\underline{x}) = 1 \qquad \text{Gl. A.13}$$

Daher werden die Basisfunktionen ϕ_i typischerweise durch normierte Gauß-Funktionen abgebildet:

$$\phi_i(\underline{x}) = \frac{\mu_i(\underline{x})}{\sum_{j=1}^{M} \mu_j(\underline{x})}, \quad mit \quad \mu_i(\underline{x}) = exp\left(-\frac{1}{2}\sum_{j=1}^{p}\frac{x_j - c_{ij}}{\sigma_{ij}^2}\right) \qquad \text{Gl. A.14}$$

Die Zentren c_{ij} und Standardabweichungen σ_{ij}^2 der Gaußfunktionen können für jede Dimension unterschiedlich sein und werden durch das datenbasierte Training ermittelt. Weitere Trainingsparameter sind durch die Gewichtungen w_{ij} definiert. Wenn für ein LLM

$$w_{i0} \neq 0 \; und \; w_{i1} = ... = w_{ip} = 0 \qquad \text{Gl. A.15}$$

gilt, so ergibt sich der Funktionszusammenhang eines normierten RBF-Netzwerks. Somit können LLM als Erweiterung zu den zuvor erläuterten RBF-Prädiktoren angesehen werden.

Der Lolimot-Algorithmus ist ein weit verbreitetes Verfahren zur Meta-Modellbildung. Dieser soll durch einen Baum-Konstruktionsalgorithmus Probleme konventioneller RBF-Modelle mit höher-dimensionalen Eingangsräumen abmildern [122]. Konkret handelt es sich bei Lolimot um einen iterativen Baumalgorithmus, welcher den Eingangsraum achsen-orthogonal in alle Dimensionen partitioniert. Dabei wird nach jeder Iteration ein weiteres LLM dem Modell hinzugefügt. Der Algorithmus besteht im Wesentlichen aus zwei Schleifen. In einer äußeren Schleife werden zunächst die Bereiche identifiziert in welcher die LLM liegen. Eine weitere innere Schleife schätzt die Parameter der einzelnen LLM. Die Gültigkeitsbereiche sind unscharf abgegrenzt und werden durch Basis- oder Zugehörigkeitsfunktionen definiert. Dadurch lässt sich dieses Modell als Sugeno-Takagi Fuzzy-System interpretieren. Die Lolimot-Strukturoptimierung basiert auf Baumkonstruktionsverfahren wie CART (classification and regression trees) [29] oder Basisfunktions-Bäumen [150].

Support Vector Machine Regression: Support Vector Maschinen sind ein Werkzeug zur Behandlung von Regressions- und Klassifikationsproblemen und finden erstmalig in den 1990er Jahren von [192] Erwähnung.

Der Ansatz zur Definition eines Prädiktors im Falle der Regressionsbehandlung lässt sich auf Grundlage einer Linearkombination nach Gl.A.5 beschreiben:

$$y(x) = W^T \phi(x) + b \qquad \text{Gl. A.16}$$

Der Bias-Parameter b gewährt dem Prädiktor einen weiteren Freiheitsgrad zur Anpassung an die Lösungen der Datenpunkte x_i.

Anstelle der regulierten quadratischen Fehlerfunktion (Gl. A.8), wird diese im vorliegenden Fall durch eine lineare $\bar{\varepsilon}$-unempfindliche Fehlerfunktion ersetzt:

$$E_{\bar{\varepsilon}}(y(x) - \hat{y}) = \begin{cases} 0, & \text{wenn } |y(x) - \hat{y}| < \varepsilon \\ |y(x) - \hat{y}| - \bar{\varepsilon}, & \text{andernfalls.} \end{cases} \qquad \text{Gl. A.17}$$

Der Fehler resultiert somit aus der Distanz zwischen einer Beobachtung y und der durch ε definierten Grenze. Sämtliche Abweichungen innerhalb dieser Grenzdefinition werden ignoriert und zu 0 gesetzt. Die Darstellung links in Abbildung A.6 illustriert dieses Verhalten.

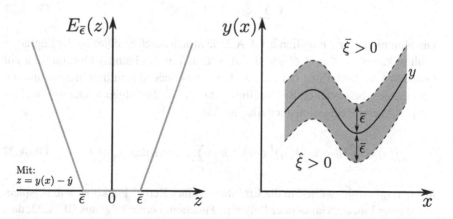

Abbildung A.6: Links: Verhalten der linearen ε-unempfindliche Fehlerfunktion; Rechts: Bildung eines Support Vector Regressionsmodells (nach [20])

Daraus lässt sich wiederum eine zu minimierende regulierte Fehlerfunktion ableiten:

$$\bar{C} \sum_{i=1}^{M} E_{\bar{\varepsilon}}(y(x) - \hat{y}) + \frac{1}{2}||w||^2 \qquad \text{Gl. A.18}$$

Die Konstante $\bar{C}$ liefert einen positiven Wert, womit die Bestrafungsfunktion für Beobachtungen außerhalb der $\bar{\varepsilon}$-Grenze kontrolliert wird und dient zur Vermeidung einer Überanpassung des Modells im Laufe des Trainings (Overfitting).

Zur Behandlung von Beobachtungsgrößen, welche sich außerhalb des durch ε aufgespannten Grenzbereichs befinden, erfolgt durch die Einführung sogenannter Slack-Variablen („Schlupf"-Variablen) eine Umschreibung des Optimierungsproblems. Für jeden Datenpunkt x_i werden die Slack-Variablen $\bar{\xi}_i \geq 0$ und $\hat{\xi}_i \geq 0$ definiert. Je nach Lage von $y(x_i)$ lauten hiermit die Bedingungen wie folgt:

$$\hat{y}_i \leq y(x_i) + \bar{\varepsilon} + \bar{\xi}_i \qquad \text{Gl. A.19}$$

$$\hat{y}_i \geq y(x_i) - \bar{\varepsilon} - \hat{\xi}_i \qquad \text{Gl. A.20}$$

Abbildung A.6 rechts zeigt damit die Charakteristik eines Support Vector Regressionsmodells. Des Weiteren folgt daraus mit Gl. A.18 die folgende Beschreibung der Fehlerfunktion [192]:

$$\bar{C} \sum_{i=1}^{M} (\bar{\xi}_i + \hat{\xi}_i) + \frac{1}{2}||w||^2 \qquad \text{Gl. A.21}$$

Die Minimierung der Funktion in Gl. A.21 lässt sich durch Einführung der Lagrange-Multiplikatoren $0 \leq \bar{a}_i \leq \bar{C}$ und $0 \leq \hat{a}_i \leq \bar{C}$ und nachfolgender Optimierung auf Grundlage der Herleitung in [20] erzielen. Abschließend resultiert hieraus und mit der eingangs behandelten Beschreibung (Gl. A.16) die folgende Definition eines Support Vector Regressionsmodells [20, 15]:

$$y(x) = \sum_{i=1}^{M} (\bar{a}_i - \hat{a}_i)\phi(x_i)^T \phi(x) + b = \sum_{i=1}^{M} (\bar{a}_i - \hat{a}_i)k(x, x_n) + b \qquad \text{Gl. A.22}$$

Mit $k(x, x_n)$ erfolgt weiterhin die Einführung einer Kernel-Funktion, wie beispielsweise einer Linear-, Gauß- oder Polynom-Funktion. Ferner folgt aus Gl. A.22, dass lediglich Punkte x_n zur Bildung des Modells beitragen, wenn für diese $\bar{a}_n$ und $\hat{a}$ ungleich 0 sind. Derartige Punkte werden als Support Vectoren deklariert. Da alle weiteren Beiträge nicht beachtet werden, sind Support Vector Maschinen aufgrund dieser Eigenschaft als Sparse[37]-Modelle zu bezeichnen.

Der Bias-Parameter lässt sich auf Basis eines Datenpunktes x_i ermitteln, wenn für diesen die Bedingung $0 < \bar{a}_i < \bar{C}$ und somit $\bar{\varepsilon} + y_i - \hat{y}_i = 0$ gilt. Somit erfolgt mit A.16 durch Lösung nach b:

$$b = \hat{y}_i - \bar{\varepsilon} - \sum_{m=1}^{M} (\bar{a}_m - \hat{a}_m) k(x_n, x_m) \qquad \text{Gl. A.23}$$

Selbiges gilt ebenfalls für einen Datenpunkt, wenn für diesen die Bedingung $0 < \hat{a}_i < \bar{C}$ erfüllt ist.

Gaußprozess-Regression: Abschließend soll auf die Modellbildung von Gaußprozessen[38] (GPM) eingegangen werden. Der Modellierungsansatz beruht grundsätzlich, in ähnlicher Weise zu den Support Vektor Maschinen, auf Kernelfunktionen. Erwartungswerte und Kovarianzen eines zu beschreibenden Funktionszusammenhanges bilden die Konstruktionsgrundlage eines Gaußprozesses. In der Gesamtheit resultiert aus einem GPM eine Beschreibung hinsichtlich der Wahrscheinlichkeitsverteilung von Funktionen. Einen detaillierten Einblick hinsichtlich der Konstruktion von GPM gibt die Arbeit von [137].

Per Definition lässt sich ein GPM vollständig durch eine Erwartungsfunktion (Mean-Funktion) $m(x)$ und eine Kovarianzfunktion $k(x, x')$ beschreiben. Die Entwicklung einer Funktion f resultiert in einem Gaußprozess $\mathcal{GP}$ somit auf einer (mehrdimensionalen) Normalverteilung, welche durch die Funktionen m und k bestimmt ist:

$$f \sim \mathcal{GP}(m, k) \qquad \text{Gl. A.24}$$

Wird lediglich eine endliche Stichprobenanzahl n von f betrachtet, so lässt sich der Funktionszusammenhang auf Grundlage einer Gauß-Verteilung beschreiben [137]. Daraus folgt für m und k:

$$\mu_i = m(x_i), \quad i = 1,..,n \quad \text{und} \qquad \text{Gl. A.25}$$

$$\Sigma_{ij} = k(x_i, x_j), \quad i, j = 1,..,n \qquad \text{Gl. A.26}$$

---

[37] Sparse aufgrund der resultierenden dünnbesetzten Datengrundlage.
[38] Der Begriff Kriging stellt eine weitere bekannte Bezeichnung für Gaußprozesse zur Regression dar [20]. Dies insbesondere im Bereich der Geostatik.

Mit dieser Verteilung und den Stützstellen $f(x)$ an den zugehörigen Werten von x, lässt sich anschließend der Vektor $\vec{f}$ darstellen:

$$\vec{f} \sim \mathcal{N}(\mu, \Sigma) \qquad \text{Gl. A.27}$$

Die bisherigen Behandlungen resultieren in einer Beschreibung des A-priori-Gaußprozesses. Dieser spezifiziert somit die grundlegenden Eigenschaften einer Funktion. Das Ziel ist die darauf basierende Ableitung des entsprechenden A-posteriori-Gaußprozesses, welcher die Prädiktion auf Grundlage unbekannter Datensätze ermöglicht.

Zur Bildung seien $\vec{f}$ bekannte Funktionswerte eines Trainingsdatensatzes und $\vec{f}_*$ entsprechende Funktionswerte eines Testdatensatzes X_*. Infolge des stochastischen Prozesses folgt zwischen diesen eine multivariate Verteilung:

$$\begin{bmatrix} \vec{f} \\ \vec{f}_* \end{bmatrix} \sim \mathcal{N}\left(\begin{bmatrix} \mu \\ \mu_* \end{bmatrix}, \begin{bmatrix} \Sigma & \Sigma_* \\ \Sigma_*^T & \Sigma_{**} \end{bmatrix} \right) \qquad \text{Gl. A.28}$$

Diese Beziehung beinhaltet die Erwartungswerte μ und μ_* des Trainings- und Testdatensatzes, sowie die Kovarianzen Σ (Trainingssatz), Σ_* (Trainings-Testsatz) und Σ_{**} (Testsatz).

Aufgrund der Kenntnis von $\vec{f}$, lässt sich die bedingte Wahrscheinlichkeit für $\vec{f}_*$ folgend ausdrücken:

$$\vec{f}_*|\vec{f} \sim \mathcal{N}\left(\mu_* + \Sigma_*^T \Sigma^{-1}(\vec{f} - \mu), \Sigma_{**} - \Sigma_*^T \Sigma^{-1}\Sigma_* \right) \qquad \text{Gl. A.29}$$

Basierend auf dieser A-posteriori-Verteilung, lässt sich zur Prädiktion für ein GPM der A-posteriori-Prozess ableiten [137]:

$$f|\mathcal{D} \sim \mathcal{GP}(m_{\mathcal{D}}, k_{\mathcal{D}}), \quad \textit{mit}$$
$$m_{\mathcal{D}}(x) = m(x) + \Sigma(X,x)^T \Sigma^{-1}(f - m) \qquad \text{Gl. A.30}$$
$$k_{\mathcal{D}}(x,x') = k(x,x') - \Sigma(X,x)^T \Sigma^{-1}\Sigma(X,x)$$

Darin ist $\Sigma(X,x)$ ein Vektor, welcher die Kovarianz zwischen dem Trainingsdatensatz und x definiert. Die Varianz $k_{\mathcal{D}}(x,x')$ bildet sich aus der A-priori-Varianz $k(x,x')$ abzüglich eines positiven Terms, welcher aus dem Training resultiert. Durch diese zusätzliche Information ist die Varianz im Falle A-posteriori immer kleiner.

Des Weiteren erlauben GPM die Behandlung von (Mess-)Ungenauigkeiten (Rauschen) hinsichtlich der Trainingsausgabe. Dieses Rauschen wird ebenfalls häufig durch Gauß'sche Normalverteilungen (weißes Rauschen) abgebildet [137]. Für einen Gaußprozess gilt somit, dass jede Funktion $f(x)$ mit voneinander unabhängigen Varianzen betrachtet wird:

$$y(x) = f(x) + \varepsilon, \quad \text{mit} \ \varepsilon \sim \mathcal{N}(0, \sigma_n^2),$$
$$y \sim \mathcal{GP}(m, k + \sigma_n^2 \delta_{ii'})$$

Gl. A.31

Darin nimmt das Kronecker-Delta $\delta_{ii'}$ einen Wert von 1 an, wenn gilt $i = i'$. Die Kovarianzfunktion eines verrauschten Prozesses setzt sich somit aus der Summe der Kovarianz des Signals und des Rauschens zusammen.

Zur Bildung des A-posteriori-Prozesses soll abschließend noch auf das Modelltraining eingegangen werden. Hierfür erfolgt der Einsatz von Hyperparametern zur Adaption der Funktionen m und k. Die Herleitung ergibt sich unter Annahme einer linearen Erwartungsfunktion und einer quadratisch exponentiellen Kovarianzfunktion (Kernel) somit beispielhaft zu:

$$m(x) = ax + b,$$
$$k(x, x') = \sigma_y^2 exp\left(-\frac{(x-x')^2}{2l^2}\right) + \sigma_n^2 \delta_{ii'}$$

Gl. A.32

In diesem Modell bilden $w = \{a, b, \sigma_y, \sigma, l\}$ die Hyperparameter für das Training. Diese Parameter lassen sich unter anderem durch Optimierung der Log-Likelihood-Funktion ermitteln [137]:

$$L = log\, p(y|x, w) = -\frac{1}{2} log|\Sigma| - \frac{1}{2}(y - \mu)^T \Sigma^{-1}(y - \mu) - \frac{n}{2} log(2\pi)$$

Gl. A.33

Die Bestimmung der Parameter erfolgt dann durch Anwendung von partiellen Ableitungen auf Gl. A.33:

$$\frac{\partial L}{\partial w_m} = -(y - \mu)^T \frac{\partial m}{\partial w_m}$$
$$\frac{\partial L}{\partial w_k} = \frac{1}{2} Spur\left(\Sigma^{-1}\frac{\partial \Sigma}{\partial w_k}\right) + \frac{1}{2}(y - \mu)^T \frac{\partial \Sigma}{\partial w_k}\Sigma^{-1}\frac{\partial \Sigma}{\partial w_k}(y - \mu)$$

Gl. A.34

Darin fassen w_m und w_k die Hyperparameter der Erwartungs- und Kovarianzfunktionen zusammen.

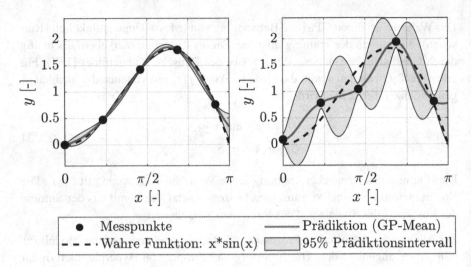

Abbildung A.7: Funktionsapproximation durch Anwendung eines Gaußprozess-Regressionsansatzes; Ohne (links) und mit (rechts) Messrauschen

Abschließend stellt Abbildung A.7 das Prädiktionsverhalten eines Gaußprozesses beispielhaft dar. Die gestrichelte Linie zeigt die reale Funktion eines betrachteten Systems. Auf Grundlage der Messpunkte wird diese Funktion durch einen Gaußprozess im rauschfreien (links) und im verrauschten (rechts) Fall approximiert. Im ersten Fall ($\sigma_n = 0$) verläuft des Modell immer durch die Punkte des Trainingsdatensatzes. Der Verlauf zwischen den Stützstellen wird durch die Erwartungsfunktion m beschrieben. Unter Betrachtung der Varianzfunktion lässt sich weiterhin ein 95%iges-Vertrauensintervall bestimmen. Dieses liefert ein Maß darüber, in welchem Bereich eine Prädiktion zu erwarten ist.

A.6 Gängige Gütekriterien zur Beurteilung der Modellqualität

Nach [166] lassen sich folgende häufig verwendete Gütekriterien zur Beurteilung der Modellqualität ableiten:

Tabelle A.1: Kriterien zur Beurteilung der Güte eines Metamodels

Gütekriterium	Gleichung
Summe der Fehlerquadrate	$SSE = \sum_{i=1}^{n_r} (y_i - \hat{y}_i)^2$
Residuenquadratsumme	$SSR = \sum_{i=1}^{n_r} (\hat{y}_i - \bar{y})^2$
Totale Quadratsumme	$SST = SSE + SSR$
Mittlerer quadratischer Fehler	$MSE = \frac{1}{n_r} \sum_{i=1}^{n_r} (y_i - \hat{y}_i)^2$
Bestimmtheitsmaß [133]	$R^2 = \frac{SSR}{SST}$
Angepasstes Bestimmtheitsmaß [184]	$R_{adj}^2 = 1 - \frac{SSE}{SSR} \frac{n_r - 1}{n_r - n_p}$
Likelihood [46]	$-2lnL = n_r ln\left(\frac{SSE}{n_r}\right)$
Aikaike's Informationskriterium [3]	$AIC = -2lnL + 2(n_p + 1)$
Bayessches Informationskriterium [162]	$BIC = -2lnL + ln(n_r) + 2n_p$
Mallows C_p [106]	$C_p = \frac{SSE_p}{\hat{\sigma}} - n_r + 2n_p$
PRESS [4]	$PRESS = \sum_{i=1}^{n_r} \left(y_i - \hat{y}_i^{\setminus i}\right)^2$
PRESS R^2	$PRESS\ R^2 = 1 - \frac{PRESS}{SST}$

A.7 Zeitliche Komplexität zur Bestimmung des Hypervolumens

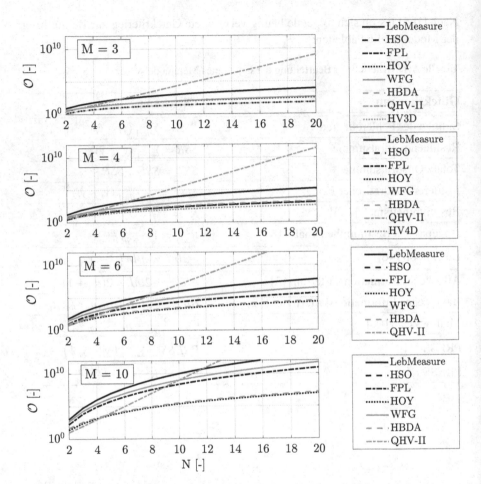

Abbildung A.8: Zusammenstellung der zeitlichen Komplexität $\mathcal{O}$ gängiger Algorithmen zur Bestimmung des exakten Hypervolumens; Die Berechnungszeit ist eine Funktion in Abhängigkeit der Lösungen N und der Zieldimension M

A.8 Interaktion mit SUMO

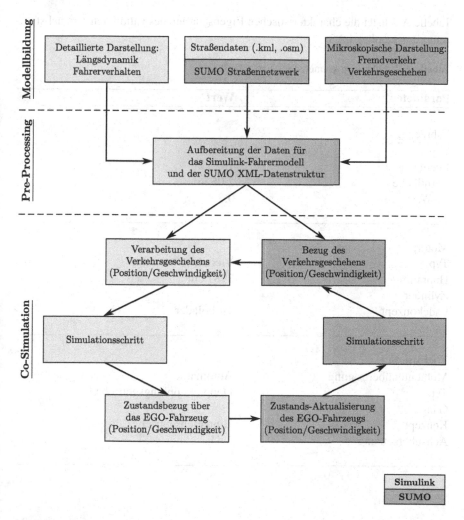

Abbildung A.9: Co-Simulation zwischen der SiL-Umgebung in MATLAB/Simulink und dem mikroskopischen Verkehrsflusssimulator SUMO

A.9 Fahrzeugparameter des Versuchsträgers

Tabelle A.2 listet die charakteristischen Eigenschaften des validierten Versuchsfahrzeugs aus Kapitel 4.2.3.

Tabelle A.2: Fahrzeugparameter des Versuchsträgers

Parameter	Wert
Fahrzeug:	
Typ	Coupé
Leergewicht	1535 kg
Stirnfläche	2,05 m^2
c_w-Wert	0,3
Motor:	
Typ	Viertakt-Ottomotor
Hubraum	2981 cm^3
Zylinder	6
Ladekonzept	Turbolader
Triebstrang:	
Momentenübertragung	Automatik
Typ	Doppelkupplungsgetriebe
Gänge	7
Konzept	Hinterachsantrieb
Achsübersetzung	3,44

A.10 Beschreibung der ZDT-Testfunktionen

Die Beschreibung der folgenden bi-kriteriellen Testfunktionen erfolgt nach [207].

ZDT1:

$$f_1(\vec{x}) = x_1 \qquad\qquad \text{Gl. A.35}$$

$$g(\vec{x}) = 1 + \frac{9}{n-1} \sum_{i=2}^{n} x_i \qquad\qquad \text{Gl. A.36}$$

$$f_2(\vec{x}) = g(\vec{x}) \cdot \left(1 - \sqrt{\frac{x_1}{g(\vec{x})}}\right) \qquad\qquad \text{Gl. A.37}$$

mit $n = 30$ und $x_i \in [0, 1]$. Die optimale Lösung ergibt sich bei $g(x) = 1$ und resultiert in einer konvexen Pareto-Front.

ZDT2:

$$f_1(\vec{x}) = x_1 \qquad\qquad \text{Gl. A.38}$$

$$g(\vec{x}) = 1 + \frac{9}{n-1} \sum_{i=2}^{n} x_i \qquad\qquad \text{Gl. A.39}$$

$$f_2(\vec{x}) = g(\vec{x}) \cdot \left[1 - \left(\frac{x_1}{g(\vec{x})}\right)^2\right] \qquad\qquad \text{Gl. A.40}$$

mit $n = 30$ und $x_i \in [0, 1]$. Die optimale Lösung ergibt sich bei $g(x) = 1$ und resultiert in einer konkaven Pareto-Front.

ZDT3:

$$f_1(\vec{x}) = x_1 \qquad\qquad \text{Gl. A.41}$$

$$g(\vec{x}) = 1 + \frac{9}{n-1} \sum_{i=2}^{n} x_i \qquad\qquad \text{Gl. A.42}$$

$$f_2(\vec{x}) = g(\vec{x}) \cdot \left[1 - \sqrt{\frac{x_1}{g(\vec{x})}} - \frac{x_1}{g(\vec{x})} sin(10\pi x_1)\right] \qquad\qquad \text{Gl. A.43}$$

mit $n = 30$, $x_i \in [0, 1]$ und der optimalen Pareto-Front bei $g(x) = 1$. Aufgrund der Eigenschaft der Pareto-Optimalität und dem Anteil der Sinusfunktion in Gl. A.43, entwickelt sich ein diskontinuierlicher Verlauf der Front mit konvexen Teilbereichen.

ZDT4:

$$f_1(\vec{x}) = x_1 \qquad\qquad \text{Gl. A.44}$$

$$g(\vec{x}) = 1 + 10(n-1) + \sum_{i=2}^{n}(x_i^2 - 10cos(4\pi x_i)) \qquad \text{Gl. A.45}$$

$$f_2(\vec{x}) = g(\vec{x}) \cdot \left[1 - \left(\frac{x_1}{g(\vec{x})}\right)^2\right] \qquad\qquad \text{Gl. A.46}$$

mit $n = 10$, $x_1 \in [0,1]$ und $x_2,...,x_m \in [-5,5]$. ZDT4 beinhaltet 21 lokal optimale Pareto-Fronten. Die bestmögliche lokale Front wird bei $g(x) = 1,25$ gebildet, die global optimale Lösung resultiert aus $g(x) = 1$. Die globale und sämtliche lokalen Fronten bilden einen konvexen Verlauf.

ZDT5:
Der Parametersatz der ZDT5-Testfunktion wird durch eine binäre Kodierung repräsentiert. Infolgedessen wird diese Funktion im Rahmen dieser Arbeit nicht zur tiefergehenden Untersuchung herangezogen.

ZDT6:

$$f_1(\vec{x}) = 1 - e^{-4x_1} \cdot sin^6(6\pi x_1) \qquad\qquad \text{Gl. A.47}$$

$$g(\vec{x}) = 1 + 9\left[\frac{\sum_{i=2}^{n} x_i}{n-1}\right]^{0,25} \qquad\qquad \text{Gl. A.48}$$

$$f_2(\vec{x}) = 1 - \left(\frac{f_1(\vec{x})}{g(\vec{x})}\right)^2 \qquad\qquad \text{Gl. A.49}$$

mit $n = 10$, $x_i \in [0,1]$ und der konkaven optimalen Pareto-Front bei $g(x) = 1$. Aufgrund der ungleichmäßigen Verteilung des Suchraumes, soll die Lösungsfindung durch Optimierungsverfahren bei dieser Testfunktion erschwert werden. Vergleichend zu den zuvor genannten Problemstellungen, findet eine ungleichmäßige Verteilung der Lösungen auf der Front statt. Insbesondere bei f_1 nahe 1 kommt es zu einer Polarisierung der Lösungen. Des Weiteren ist die Dichte der möglichen Zielgrößen in Annäherung an die optimalen Front am geringsten, währenddessen diese mit zunehmendem Abstand zur Front zunimmt.

A.11 Paretoabdeckung der Funktionen ZDT2, 4 und 6

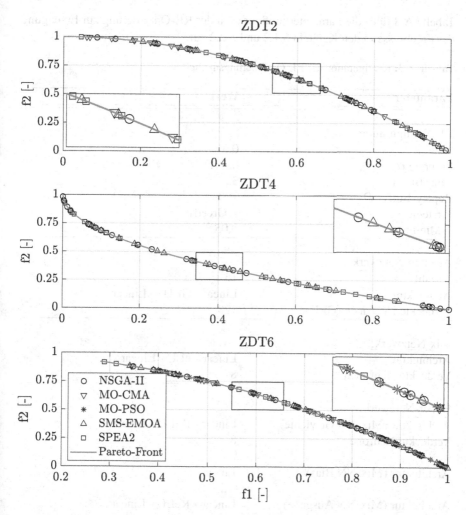

Abbildung A.10: Abdeckung der Pareto-Front von etablierten MOEA an zweidimensionalen Benchmarkfunktionen; Ermittlung mit einer Populationszahl von 500 über 500 Generationen hinweg

A.12 Konfiguration der selbstlernenden Optimierungsmethodik

Tabelle A.3 führt die Parameterkonfiguration der RL-Optimierung zur Erzeugung
der Ergebnisse in den Kapiteln 5.1.2 und 5.2.2 auf.

Tabelle A.3: Konfiguration der RL-Optimierungsmethodik

Parameter	Wert
RL-Konfiguration:	
Gamma γ	0,3
Lernrate α	0,001
Mini-Batch	32
Replay-Buffer $\mathcal{D}$	100
Strategie	ε-Greedy
ε-Minimum	0,05
Agenten-Netzwerke:	
Anzahl	15
Architektur	Linear - GRU* - Linear
Verdeckte Neuronen (GRU)	128
Mix-Netzwerk:	
Architektur	Linear - eLU - Linear
Verdeckte Neuronen	8
Hyper-Netzwerk:	
Architektur (Mix-NN Gewichte)	Linear - ReLU - Linear
Verdeckte Neuronen	8
Architektur (Mix-NN Bias)	Linear
Architektur (Mix-NN Ausgabe)	Linear - ReLU - Linear
Verdeckte Neuronen	8

*Gated Recurrent Unit – Rekurrente Netzwerkschicht.

A.13 Paretoabdeckung optimierter Schaltungsvorgänge

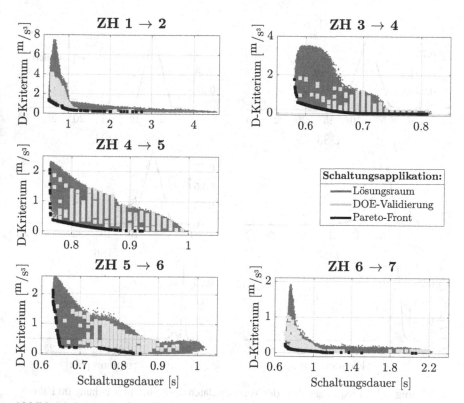

Abbildung A.11: Abdeckung der Pareto-Front von Zug-Hochschaltungen in Abhängigkeit des Diskomforts und der Schaltungsdauer

A.14 Frequenzanalyse der Versuchsdatensätze

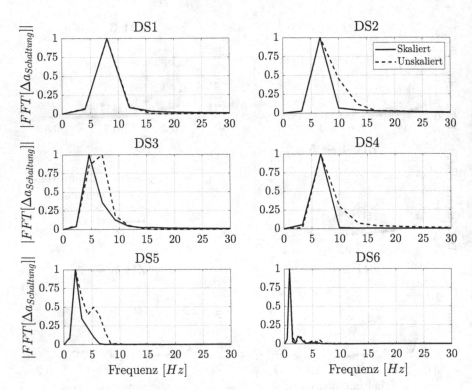

Abbildung A.12: Frequenzanalyse der Versuchsdatensätze zur Untersuchung im Fahrsimulator; Darstellung der normierten Verläufe basierend auf dem
Rohsignal der Beschleunigung (---), sowie dem skalierten und gefilter-
ten Eingangssignal (——) des MCA

A.15 Fragebogen der Expertenstudie

Name: _____ Nummer: _____ Datum: _____

Fragebogen zur subjektiven Schaltkomfortapplikation

Basisapplikation

	Sehr realistisch	Eher realistisch	Eher unrealistisch	Sehr unrealistisch
Wie beurteilen Sie die Darstellung des Beschleunigungsvorgangs im Allgemeinen?	❏	❏	❏	❏

	Sehr realistisch	Eher realistisch	Eher unrealistisch	Sehr unrealistisch
Wie beurteilen Sie die Darstellung der Schaltvorgänge?	❏	❏	❏	❏

Parametervariation

Wie empfinden Sie den aktuellen Schaltvorgang?

	Un-komfortabel	Sportlich	Komfortabel	Nicht spürbar
Datenstand 1	❏	❏	❏	❏
Datenstand 2	❏	❏	❏	❏
Datenstand 3	❏	❏	❏	❏
Datenstand 4	❏	❏	❏	❏
Datenstand 5	❏	❏	❏	❏
Datenstand 6	❏	❏	❏	❏

Wie empfinden Sie die aktuelle Schaltung im Vergleich zur vorherigen?

	Stärker/ Sportlicher	Schwächer/ Komfortabler	Identisch	Unklar
Vergleich 1	❏	❏	❏	❏
Vergleich 2	❏	❏	❏	❏
Vergleich 3	❏	❏	❏	❏
Vergleich 4	❏	❏	❏	❏
Vergleich 5	❏	❏	❏	❏

Wie würden Sie die aktuelle Schaltung auf einer Skala von 1 – 10 beurteilen?
(1 = Nicht spürbar; 10 = Sehr stark spürbar)

	1	2	3	4	5	6	7	8	9	10
Datenstand 1	❏	❏	❏	❏	❏	❏	❏	❏	❏	❏
Datenstand 2	❏	❏	❏	❏	❏	❏	❏	❏	❏	❏
Datenstand 3	❏	❏	❏	❏	❏	❏	❏	❏	❏	❏
Datenstand 4	❏	❏	❏	❏	❏	❏	❏	❏	❏	❏
Datenstand 5	❏	❏	❏	❏	❏	❏	❏	❏	❏	❏
Datenstand 6	❏	❏	❏	❏	❏	❏	❏	❏	❏	❏

Name: _____   Nummer: _____   Datum: _____

Nachbefragung

	Sehr deutlich	deutlich	undeutlich	Nicht
Wie deutlich konnten Sie die einzelnen Applikationsstände unterscheiden?	☐	☐	☐	☐

	Sehr sinnvoll	Eher sinnvoll	Eher sinnlos	sinnlos
Halten Sie den Einsatz eines Fahrsimulators für ein sinnvolles Werkzeug zur subjektiven Fahrbarkeitsapplikation?	☐	☐	☐	☐

Anmerkungen/Kommentare:

A.16 Teilnehmerfeld der Expertenstudie

Tabelle A.4: Zusammensetzung des Teilnehmerfeldes der Expertenstudie

Proband	Geschlecht	Alter	Variation des Parametersatzes
1	Weiblich	49	$DS_1 \to DS_2 \to DS_3 \to DS_4 \to DS_5 \to DS_6$
2	Männlich	29	$DS_5 \to DS_4 \to DS_6 \to DS_1 \to DS_2 \to DS_3$
3	Weiblich	36	$DS_2 \to DS_3 \to DS_1 \to DS_4 \to DS_5 \to DS_6$
4	Männlich	28	$DS_4 \to DS_5 \to DS_6 \to DS_1 \to DS_2 \to DS_3$
5	Männlich	35	$DS_3 \to DS_5 \to DS_6 \to DS_1 \to DS_2 \to DS_4$
6	Männlich	27	$DS_6 \to DS_5 \to DS_2 \to DS_4 \to DS_1 \to DS_3$
7	Männlich	30	$DS_3 \to DS_2 \to DS_1 \to DS_4 \to DS_5 \to DS_6$
8	Männlich	34	$DS_6 \to DS_5 \to DS_1 \to DS_4 \to DS_2 \to DS_3$
9	Männlich	31	$DS_4 \to DS_5 \to DS_6 \to DS_2 \to DS_1 \to DS_3$
10	Männlich	30	$DS_1 \to DS_5 \to DS_6 \to DS_4 \to DS_3 \to DS_2$
11	Männlich	28	$DS_5 \to DS_2 \to DS_3 \to DS_4 \to DS_1 \to DS_6$
12	Weiblich	27	$DS_2 \to DS_5 \to DS_4 \to DS_6 \to DS_1 \to DS_3$

Printed in the United States
by Baker & Taylor Publisher Services